用喜愛的布料做

拼布手提包

用先染布製作

先染布就是用染好顏色的線織成的別具韻味的布，最適合織成駝色調、米白色、褐色等能讓人心情平和的顏色。配色樸素的包包很適合平日使用喔！

貼布繡的托特包

用看起來像素布的先染布當底，讓貼布繡和白玉拼布突顯出來。用橘色和藍色的花來增添色彩。

18×27㎝ 作法第94頁

單提把手提包

紅色小點點花紋的可愛提包。貼布繡縫在深色的底布上，取得漂亮的平衡感。

19.5×28cm 作法第95頁

花朵用和底布相同的色調，提高融合感。

白玉拼布的陰影讓先染布的質感顯得更美。

籃形提包

以籃子為印象而設計的籃型提包。使用了各種先染布，呈現出具有深度的色調。小型包加了口布，讓袋內的物品更有隱密性。

大26×50cm 小16×25cm 作法第59,60頁

花卉提包

利用淺粉紅色和淺橘色花朵的貼布繡帶出駝色底布的溫暖感覺。細細的竹製提把和提包的設計非常相配。

25×35cm 作法第65頁

附蓋提包

米色配上灰色格紋布，組合成古雅的色調。要領是隨機改變格紋的方向營造動感。

24×29㎝ 作法第63頁

用小布片拼縫的胖胖包

只要穿過提把就變成胖嘟嘟的形狀了。混合各種布卻能輕鬆營造出整體感，這是因為先染布具有很好的融合性。

30×40cm（2款共通）作法第61頁

可束口的提包

使用咖啡色格紋布為主色調的提包。格紋的大小與深淺色的組合呈現出沈穩又具有深度的色調。

25×32cm　作法第62頁

先染布的種類

先染布就是用染好顏色的線織成的別具韻味的布。除了格子布之外，還有各式各樣的種類，所以只用先染布也可以做出豐富的配色。

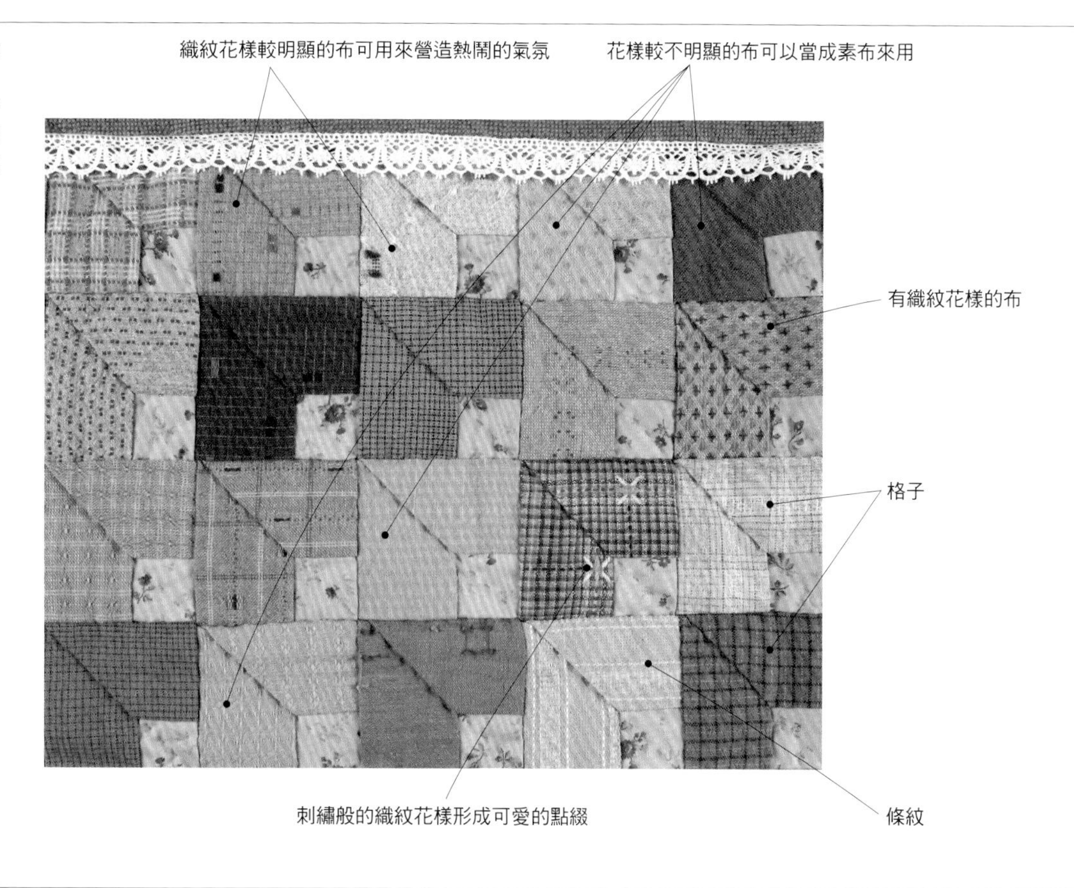

配色的要領

要做白玉拼布的話，用素布般的布可以營造出較佳的立體感。

單片拼布的底布可以用寬版格子、織紋花樣或是刺繡般的花樣等各式各樣的種類，看起來就不會單調。

加入花樣很明顯的布條或印花布，當做布片組合的焦點。

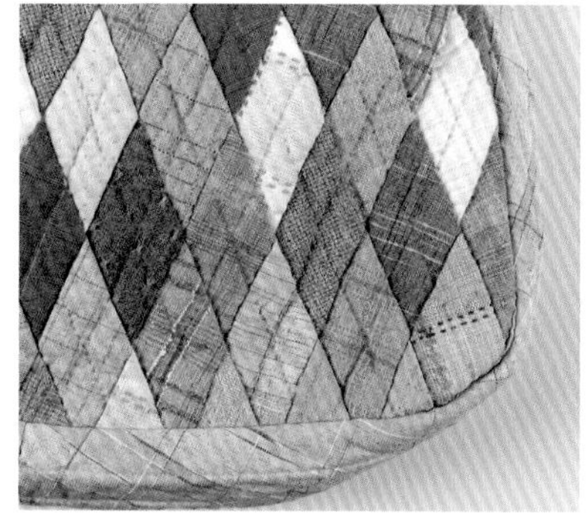
雖然用了粉紅色、藍色、黃色等各種顏色，但都是屬於同一色調，所以能夠融合的很好。

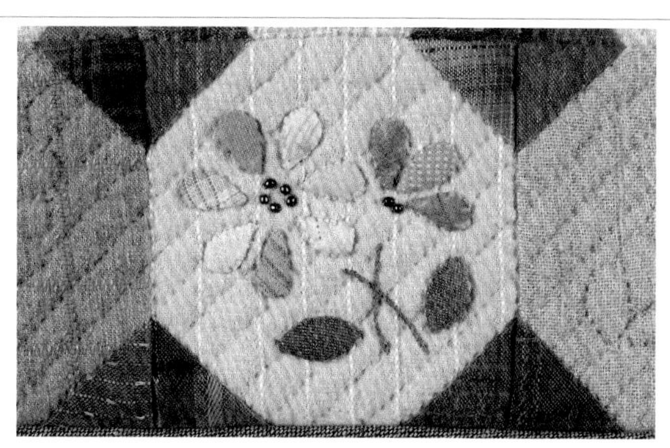
花用幾種布組合成較有深度的配色。除先染布之外，還用了印花布，看起來相當醒目。

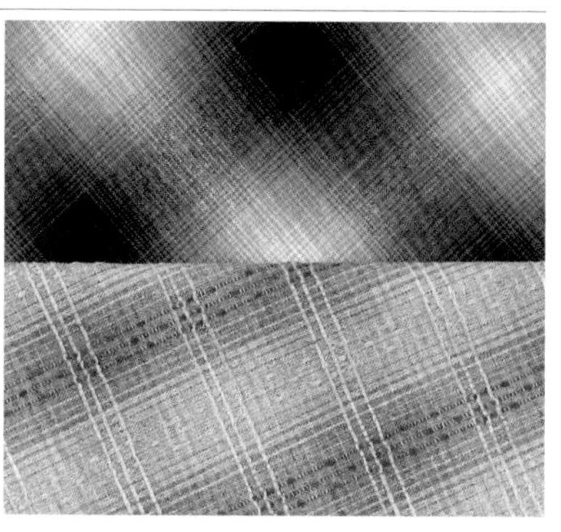
格子布改變成傾斜方向或是使用斜紋布，就會呈現出動感。

使用印花布

能夠活用布上的花樣是縫製者的快樂。貼布繡也好，拼縫也好，用印花布來縫製包包吧！

機縫貼布繡的手提包和收納包

把印花布上的花朵圖案剪下來，並隨興裁剪葉子的形狀，用縫紉機做貼布繡。底布是麻布和圓點紗布。

手提包36×34cm　收納包9×21cm　作法第64頁

花與葉的貼布繡提包

這兩個作品也是機縫貼布繡。右邊是把大圖案的丹寧印花布剪成葉子的形狀。
左邊是在剪成花朵形狀的圓點布上重疊從印花布上挖下來的花朵部分，縫成大大的花。
左24×26cm　右20.5×26.5cm　作法第67頁

單色調的托特包

在純白色的麻布上做機縫貼布繡。用素布將充滿個性的圓點布、格子布和條紋布清爽地搭配在一起。

38×40cm 作法第66頁

圓點×條紋的附側身手提包

圓點布和條紋布交互排列成具有韻律感的設計。其中一片是粉紅色的底，和周圍的粉紅色木紋布可以取得融合感。

21×32cm 作法第66頁

扇形邊飾手提包

以加了扇形邊飾的玫瑰圖案印花布為主角。底布及裝飾用的珠子、刺繡都是淺紫色，營造出高尚的整體感。

27×31.5cm 作法第69頁

格子與花卉的手提包

黑白格紋與花朵圖案的組合很有新鮮感。木紋布和天鵝絨的貼布繡增添優雅的氣息。

大19×29cm　小16×24cm　作法第68頁

花卉貼布繡的手提包

一朵大大的花，看起來非常醒目。在剪下的花朵圖案背面燙貼雙面布襯，再用縫紉機來壓線。底則是圓點印花的緞布。

34×38cm 作法第70頁

大理花圖案的手提包

和第18頁一樣，在麻布上做花朵圖案的貼布繡。花朵的脈絡和藤蔓都用縫紉機來縫，展現優美的技巧。

21×32cm 作法第71頁

玫瑰提包

紅色和黑色。利用同色系印花布搭配而成的單色調玫瑰。多種印花圖案碰撞出極具張力及現代感的貼布繡。紅色的皮革提把很搶眼。

36×27cm 作法第71頁

把印花布上的圖案剪下來做貼布繡的方法

這裡要說明把印花布上的圖案剪下來做貼布繡的方法。

沿著圖案車縫。要領是配合圖案改變線的顏色(第19頁)。

這裡是配置篇。以鋸齒狀車縫縫上大略裁剪的印花布，然後再隨興地縫上線條做為裝飾(第12頁)。

適合的印花布

適合圖案很清晰的大圖案印花布。底色和圖案的顏色差很多的比較好剪。剪下來的圖案可以單獨使用，也可以組合使用。

利用雙面布襯做貼布繡

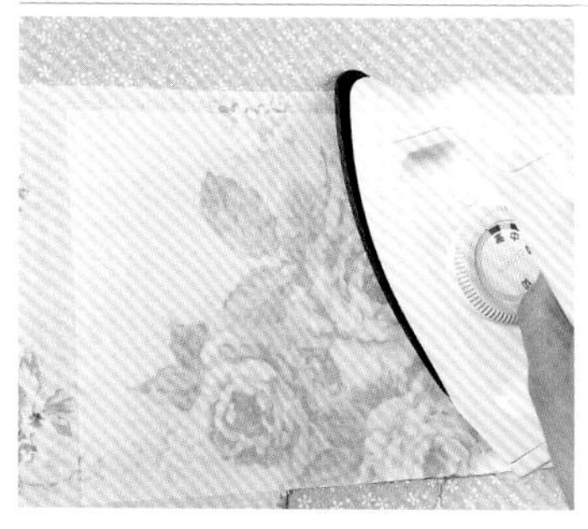

1 用熨斗在剪下來的圖案裡側燙貼雙面布襯。燙貼時使較粗糙的接著面朝下。

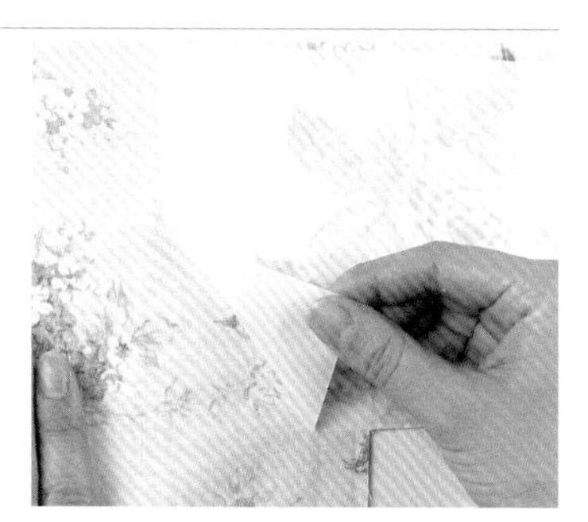

2 冷卻後輕輕地撕除剝離紙。

3 沿著圖案剪下來。用小剪刀的話，連細緻的輪廓也能剪得很漂亮。

4 把剪下來的貼布繡布放在底布上，用熨斗燙貼。

用車縫做裝飾

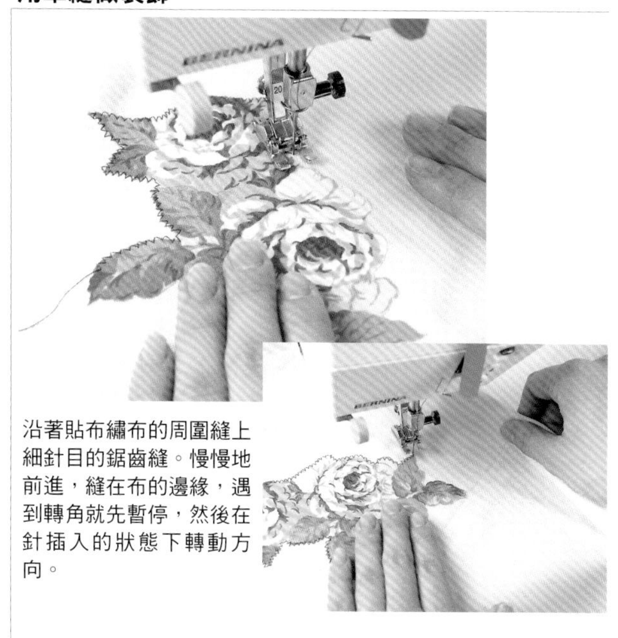

沿著貼布繡布的周圍縫上細針目的鋸齒縫。慢慢地前進，縫在布的邊緣，遇到轉角就先暫停，然後在針插入的狀態下轉動方向。

這是兼具壓線功能的縫法。要沿著布上的圖案縫或是隨興縫紉時，就換成自由曲線用的壓布腳並降下送布齒，用手移動布進行縫紉。以一定的速度移動布，針目就會比較整齊。請先試縫掌握要領。

更有效果地運用圖案的大小及種類

只用紅白印花布配色的玫瑰。利用底色做出濃淡的差異，利用圖案的大小及方向性營造鮮活感(第20頁)。

改變圖案大小做出差異　利用具有方向性的條紋布營造鮮活感

紅底較多的印花布(濃)　白底較多的印花布(淡)

圖案的擷取方法

大圖案的印花布會因為圖案的擷取方法改變布片給人的印象。利用半透明的塑膠片或厚的描圖紙製作紙型，擺在布上看看剪下來的樣子。

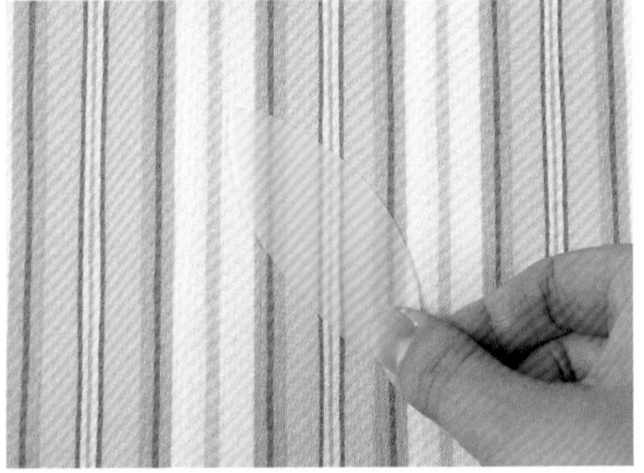

條紋布或格子布只要把圖案剪成斜的，就可以營造出鮮活的感覺。

底布也要講究

貼布繡包包連底的素材也是設計的重要因素。請配合包包的設計和貼布繡的感覺來選擇。也可以用厚的布。

白色麻布　亞麻布　暈染帆布

木紋布　麻布　印花緞布

用和布製作

縐綢、銘仙、絣、紬。種類豐富的和布是能夠呈現出各種表情的素材。纖細中帶有大膽，樸素中蘊涵優雅。本單元要介紹用表情豐富的和布縫製的包包喔！

花卉胖胖包

散發著優雅氣息的手提包，用縐綢製作的立體花卉裝飾包包的側面。
活用縐綢特有的質感加以點綴。右邊的作品利用布上的花樣來表現花的枝幹。
玫瑰28×35cm　櫻花24×26cm　作法第72頁

用銘仙縫製的泡芙斜背包

利用泡芙的手法靈活表現銘仙的粗糙質感。
因為抓出很多皺褶的關係，泡芙會隨著布的花樣而產生意想不到的表情。背帶上還加了綁繩做裝飾。
23×20cm 作法第74頁

三角泡芙手提包

縐綢加上絞染，再搭配絹布和木棉布，整體顯得很華麗。和布這種素材很適合做成給人蓬鬆印象的泡芙。
泡芙裡不要塞入棉花，讓人能看出布的質感。
24×42cm 作法第75頁

適用於拼布的和布

和布有很多種類。了解布的特徵對作品的製作很有幫助喔！

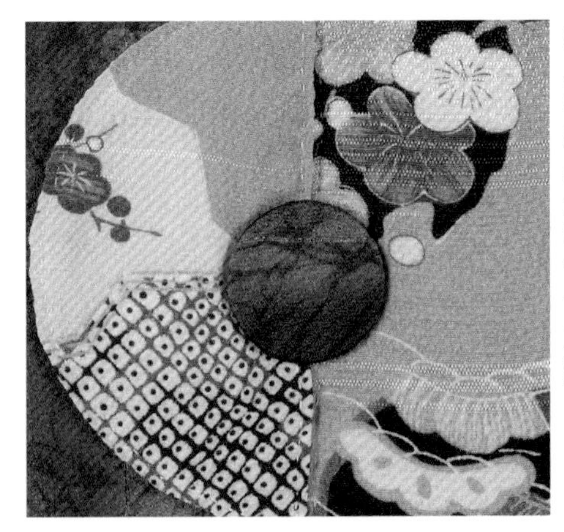

縐綢
用撚過的生絲織成，特徵是表面有因細緻縐紋而產生的凹凸感。不但具有柔軟的光澤及彈性的質感，種類和顏色也很豐富。活用其圖案及顏色，既能做為作品的主要用布，也能用於點綴。

大島紬
鹿兒島奄美大島產製的碎花圖案絹織物，特徵是用泥染的線織成的焦褐色。配色並不鮮豔，但圖案從小花紋到大花紋都有，非常豐富。幾片拼在一起時，只要利用花紋的密度等來做出差異就好了。

紬
在絲的狀態就先染色，然後再織成布匹的先染和布。和生絲比起來，紬絲的粗細度較不均勻，所以織好後會有獨特的粗糙質感。可用於拼縫或貼布繡的底布。

銘仙
以絹紡絲或玉絲等織成的平紋絲綢。古代用於衣物及坐墊等的日常用品。其中也有以細絲織成的。花樣豐富且多具現代感，適合用於重點配色。

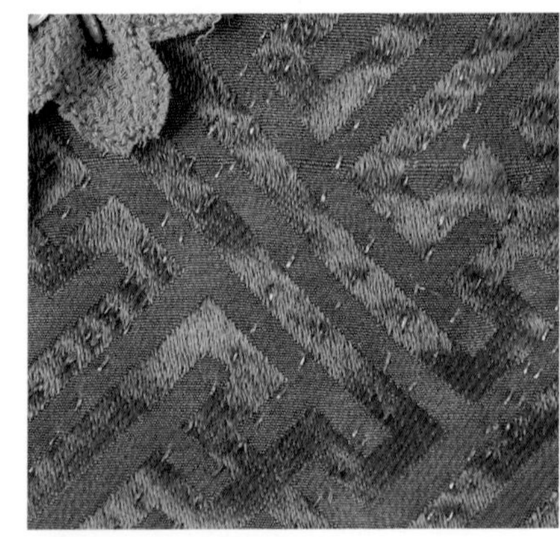

綸子
利用繻子織的技法描繪花紋的紋織物。有平滑的光澤，在光線下，花紋會若隱若現的。擁有高級的質感，正式的包包等使用這種布料就會顯得很華麗，建議您試試看。

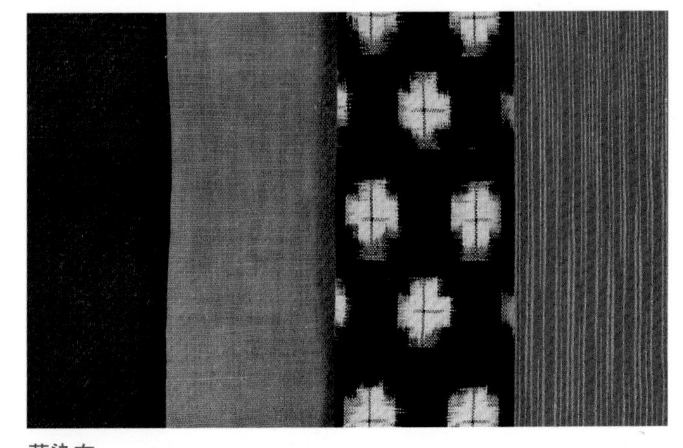

藍染布
用藍的葉子發酵製成的染料染製的布。顏色的濃淡會因浸入染料的次數而異。除素布外，也有型染、碎花及條紋等各種花樣。藍染的木棉布是織目強韌的布料，適合當做底布。

帶地
顧名思義，就是穿和服時用的腰帶。質厚且強韌，故做為包包的材料使用時，較不建議用於拼縫，較建議用於裁剪得較大片的側身或當成底布使用。

背心造型的手提包

以大島紬為素材設計的個性手提包。同色系不同素材的組合呈現出既美麗又有深度的配色。
使用時將一邊的提把從另一邊的內側穿過去。

34.5×28cm(2件相同） 作法第73頁

用帶地縫製的宴會包

連接各式各樣的帶地，給人華麗的印象。主體是黑色的山東綢整體取得了很棒的平衡感。不論是和風還是洋風的場合，都能在小宴會中吸引目光。

大21.5×34cm 小16×27cm 作法第77頁

用帶地縫製的正式提包

以黑色為基調的瘋狂拼布正式提包很適合搭配成熟的裝束。縫在布片相連處的絹線刺繡很有效果。

13.5×26cm 作法第97頁

用絹布和衣料縫製的和服包

黑色與紅色的對比設計很時髦。縐綢之中也有可以做成高級服飾的種類，
用縫紉機縫上金蔥線的壓線，為提包添加華麗的氣氛。
15×38cm 作法第79頁

和風花卉提包

紬、木紋布、銘仙等不同素材的混搭顯得很耀眼。
為隨機綻放的貼布繡花增添美麗的色彩。壓線也是配合整體氣氛的花紋。
31×32cm 作法第78頁

大島紬的包包組

用各種不同花紋的大島紬組合的斜背包、小錢包、零錢包組。
只要改變花紋的擷取方法，就能營造出摩登的氣氛。
斜背包 直徑17.5cm 小錢包9.5×13cm
零錢包10×14.5cm 作法第80頁

用縐綢縫製的托特包

有如波浪流動般的拼縫設計讓人忍不住多看一眼。把縐綢特有的滑順風格強調出來。縫上包釦做為點綴。

34×30㎝　作法第76頁

用絣料縫製的拼布包

絣料上充滿韻味的小碎花圖案很有魅力。用大大的布片做四角形拼縫，這樣就能欣賞布料的獨特風韻。竹製的提把和樸素的氣氛非常搭配。

34.5×33㎝ 作法第78頁

以銘仙圖案為主角的手提包

銘仙的魅力就在於它嶄新的繪圖及色彩。把大大的圖案直接展示在包包的側面上。袋口縫上小球狀的裝飾增加可愛度。

31×40cm 作法第96頁

銘仙束口包

用銘仙縫製四角拼縫的束口包。四角形布片使用的其實是同一種類的銘仙。大圖案的魅力就在於裁剪不同的部分就會給人不同的印象。

27×20cm 作法第85頁

用帶地和緞綢縫製的托特包

用帶地縫製的包包給人強韌耐用的印象。讓緞綢的鮮艷色彩沿著黑色皺褶的邊緣露出一點點，營造出很好的效果。

26×40cm 作法第82頁

和布的處理方法及裝飾

布襯

使用薄而柔軟的和布或是容易伸展的和布時，只要在裡側燙貼薄布襯就會比較好處理。布襯分為織布型、編織型和不織布型等。有些雖然很薄，但貼好後卻會變硬，請自己試著貼貼看。左邊是不織布型，右邊是編織型的布襯。

這是像紗布一樣的織布型布襯。雖說用哪一種都沒有關係，但為了保持和布的柔軟性，請使用極薄型的襯。

為保持縐綢的柔軟度和彈性，布襯也要選擇具有伸縮性的。編織型的布襯就像圖中一般具有很好的彈性。

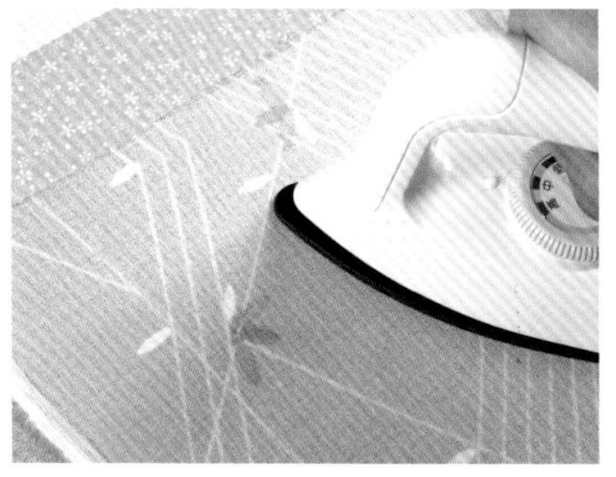

燙貼布襯時，請注意熨斗的溫度。不同素材的布襯，燙貼時的適當溫度也有些差異，請配合和布的素材以低溫～中溫的熨斗熨燙。漿糊較濃稠或漿糊的顆粒較粗時，表面可能會被染到，請特別留意。先剪下一小片，用碎布試一試比較安心。

燙貼布襯後再畫記號。和布很柔軟，很容易滑動，所以要確實用手壓住紙型。這裡是用鉛筆畫記號，但除非是薄布料，不然用骨筆畫也可以。紙或砂紙的裁墊可能會傷到布料，最好不要使用。

適用於和布的裝飾手法

花形裝飾

和布中的縐綢有種迷人的滑順感。照片中的花形裝飾鮮活地表現出了這種韻味。不論是塞入棉花，做成柔軟飽滿的玫瑰花，或是剪成小片做成飄零的櫻花花瓣都很會漂亮。只要配合花朵的印象使用布料就可以了(第23頁)。

球狀裝飾

用和包包一樣的銘仙裁剪成圓形，塞入棉花縮縫成球狀的裝飾。也可以用縐綢或絞染布等其他種類的和布製作。只要好好地活用，就能將碎布片做成這麼可愛的小飾物(第36頁)。

三角形裝飾

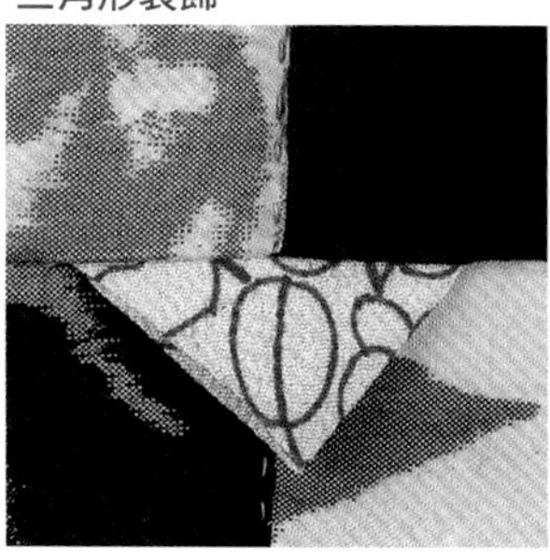

把布片摺小，在拼縫時夾入一併縫合的簡單設計。稍微一點點凸出，為整個作品加上剛剛好的特色(第37頁)。

繩飾

漂亮的精緻手工布球。將2片正方形的布縫成球狀，裡頭塞入棉花，縫在繩子的末端。保留和布的柔和質感，並加入童心的有趣手工藝(第37頁)。

泡芙

抓出皺褶做成蓬鬆形狀的泡芙。看起來既可愛又高雅，這是活用和布素材感的最佳手法。圖案呈現出來的流動感也很有趣(第24頁)。

用亞麻布製作

亞麻是具有樸素自然魅力的素材。活用其質感，就能以簡單的設計縫製出漂亮的作品。
與任何素材都能搭配得很好，和棉布、蕾絲的組合應該也會很好看。

粉彩肩側背包
把印花和棉麻混紡的亞麻布組合起來，
同時欣賞不同的韻味。
用荷葉邊和細細的細褶裝飾車縫增加可愛度。
重點是用印花棉布縫的貼布繡。
26×44cm 作法第84頁

只要改變扣鈕釦的位置，就可以調整背帶的長度。調到最長的話，也可以當做斜背包。

背著大容量的包包，腳步也輕快了起來。亞麻布和丹寧布也很相配喔！

具有張力的亞麻布只要抓出大量皺褶，就變成很有份量的荷葉邊。

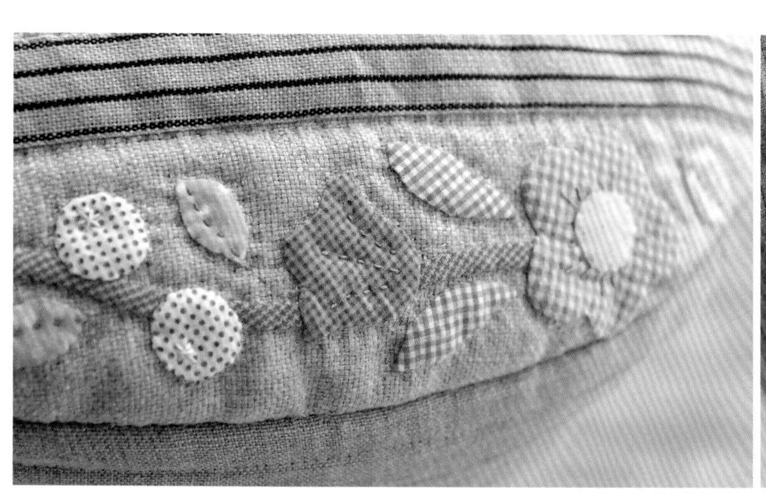

亞麻布和印花棉布非常相配。格子花紋和小圓點的貼布繡讓作品變得更可愛。

將印著淡淡圓點圖案的亞麻布做成可愛的細褶。

格子&小花圖案的托特包

活用亞麻布的質感讓設計更簡單。駝色底的格子布和小花圖案都和亞麻布很搭。用鉤織的立體花飾做重點裝飾。

30.5×29.5cm 作法第95頁

口袋包

在旁邊打蝴蝶結，看起來很可愛。兩面都做成口袋，然後摺疊起來的獨特造型。蓋子是用印花布拼縫的。

29×23cm 作法第102頁

展開就變成這樣的形狀。
看上去很清爽，收拾也很方便。

外出包

隨機配置的亞麻布與印花棉布。組合印花布也要講究擷取圖案的方法。
袋口用蕾絲帶來裝飾，看起來很羅曼蒂克。
23×36cm 作法第83頁

用羊毛布製作

讓你愈來愈愛冬季的羊毛布。
為了將布料柔軟溫暖的質感表現得更好，
建議裁剪成較大的布片。
再加上貼布繡或毛線刺繡，營造快樂的氣氛。

花卉刺繡提包

在四角形拼縫的扁提包側面縫上迷人的花卉刺繡。
線要選擇縫在布上會很顯眼的顏色，才能達到強調的效果。
31×25cm(2件相同) 作法第86頁

四角形拼縫的提包

把喜歡的羊毛布剪成四角形的布片，然後拼縫起來。用粗花呢布和維耶勒法蘭絨等做簡單的組合。以格子的粗細做變化即可。
24×30cm(2件相同) 作法第91頁

貼布繡手提包

這款簡單的羊毛布手提包是以
花卉貼布繡為主要裝飾。
可愛的感覺一下子提升了不少。
邊緣縫上毛邊繡，讓主題圖案更顯眼。
29×29cm 作法第87頁

高尚優雅的手提包

連接好裁剪的布片後，再用漂亮的羊毛布當口布。像是毛線編織般的特殊素材讓包包看起來更優雅迷人。

26×26cm 作法第88頁

色彩繽紛的迷你提包

如果只是稍微出門一下下，你會不會想帶個可愛的包包呢？羊毛布之中也有像這樣鮮明的色彩。用包釦和刺繡來增加效果。

左21×26cm 右21×26cm 作法第98、99頁

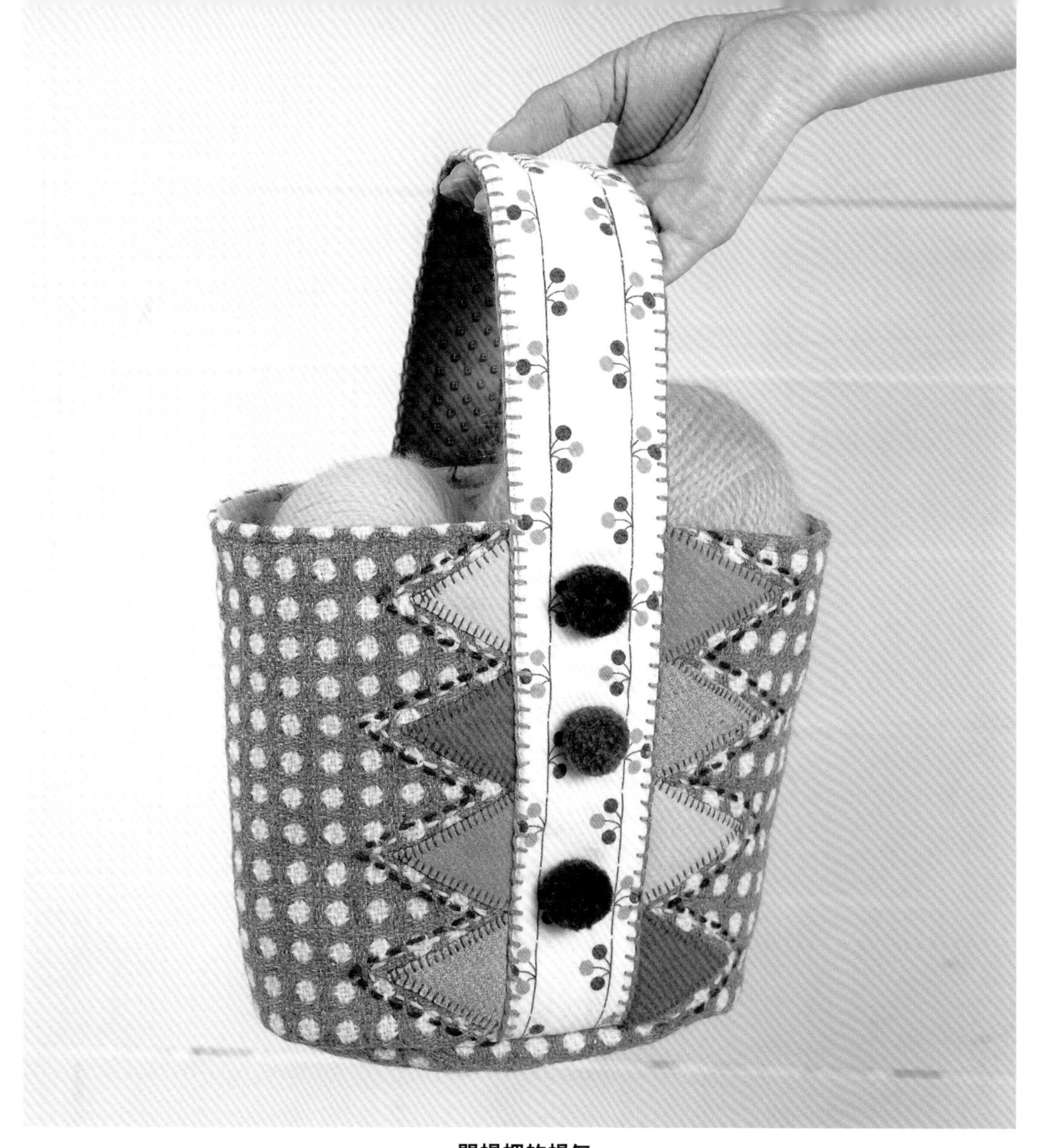

單提把的提包

在圓點羊毛布上縫素羊毛布的貼布繡，再用毛線刺繡和絨毛球加上一點童心。
提把是一體化的，這一點也很特別。
19×28cm 作法第98頁

附提把的錢包

顏色搭配得很可愛，收到包包裡甚至有點可惜了。
直線的縫紉，再摺疊起來，很簡單的設計。
14.5×21cm 作法第89頁

葉子圖案的大提包

大大的格子花紋給人傳統的印象，穿插在其中的藍色素布提供適當的喘息機會。
迎風飛舞似的葉子貼布繡不論和秋裝或是冬裝都很相配。

40×48cm 作法第92頁

親子包

把格子和圓點等喜歡的花紋集合起來做成包包。再縫製一個同款的迷你包，組合成親子提包。
縫在布片連接處的刺繡讓每一種花紋都變得更醒目。

手提包40×32cm　迷你包14.5×26.5cm　作法第90頁

羊毛布的種類

羊毛布依織法及線不同，可分為許多種類。這裡介紹的是一般常用的種類。

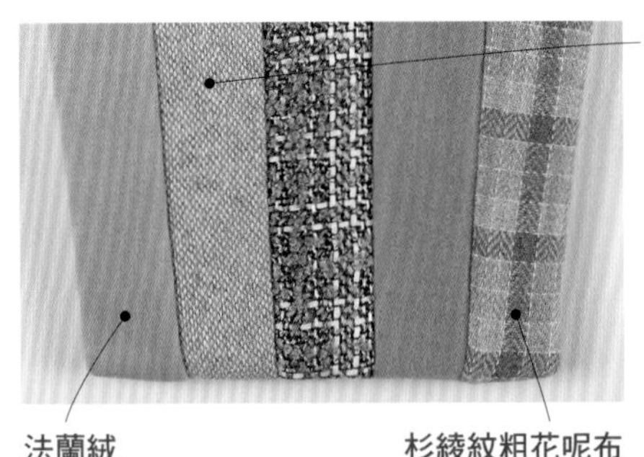

粗花呢布
有種粗織的樸素韻味，布表較少絨毛。有混色的素布，也有較具深度的微妙配色，種類很多。

法蘭絨
毛織的法蘭絨。紡織線的平織物或綾織物，特徵是兩面會稍微起毛。觸感輕柔、溫暖且具彈性。

杉綾紋粗花呢布
粗花呢布之中也有織成杉綾紋的種類。特徵是織目形成如杉樹葉般的花紋。這種粗花呢布也很少絨毛。感覺很清爽。

羊毛軋別丁
綾紋很多的綾織羊毛布。特徵是斜斜的紋路。不厚不薄，很好縫，但是很容易綻開，拼縫時要多留一點縫份。

毛線織物
用毛線編織的布料，做出來會有蓬鬆的感覺。也可以將毛衣等再利用。

畫記號

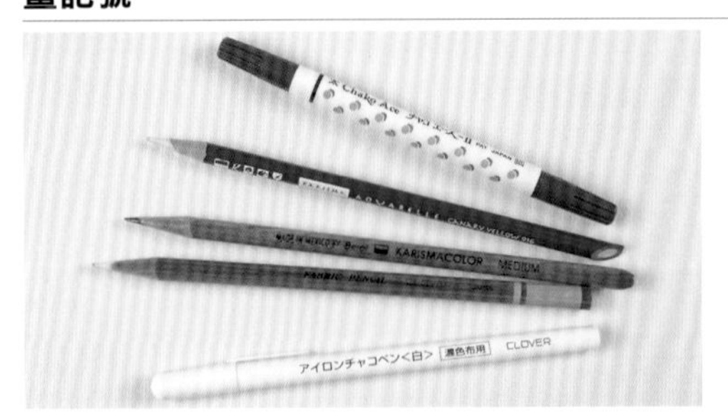

羊毛布比較厚，毛也很長，所以要用畫在布上顏色會很清楚的記號筆畫濃一點。深色的布就建議用亮色的手工藝用鉛筆來畫。使用鉛筆時，請選擇2B左右能夠畫得很濃且筆芯柔軟的筆。

建議在背面燙貼布襯。這樣不但做好的成品會比較強韌，記號也會比較好畫。燙貼布襯時，請用中溫的熨斗燙壓。

左邊是黃色的手工藝用鉛筆，右邊是黑色的鉛筆。請配合布的顏色選用記號筆。羊毛布比其他種類的布更容易綻開，多留一些縫份會比較好。

縫紉方法

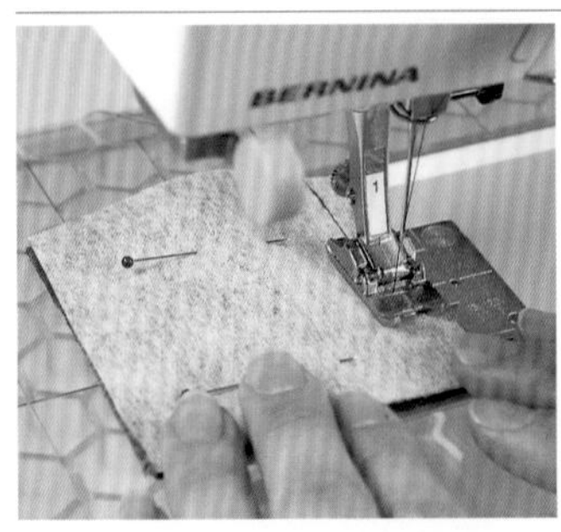

在有燙貼布襯的情況下，大布片的連接用縫紉機會比較輕鬆。布片加上縫份直接裁剪，利用壓布腳的寬度為基準來縫紉。

壓布腳的寬度大約都是7mm左右，如果想多留一些縫份，就在針板的右側貼膠帶來輔助。

羊毛布是很容易通過針的素材，所以當然也可以手工拼縫。不過它的織目比較粗，所以要注意仔細地縫。

快速壓縫的方法（第48頁的作品就是用這種方法製作的。）

若要拼縫較大的布片，用縫紉機做快速壓縫，速度就會快很多。壓線也可以一次完成。先把畫好完成線的鋪棉和裡布重疊好，兩者都要裁剪成大於完成尺寸的大小。配色布則都要加上縫份裁剪。

1
重疊縫上配色布。第1片布是表面朝上地放置，其上再面對面地重疊第2片布，插上珠針固定。

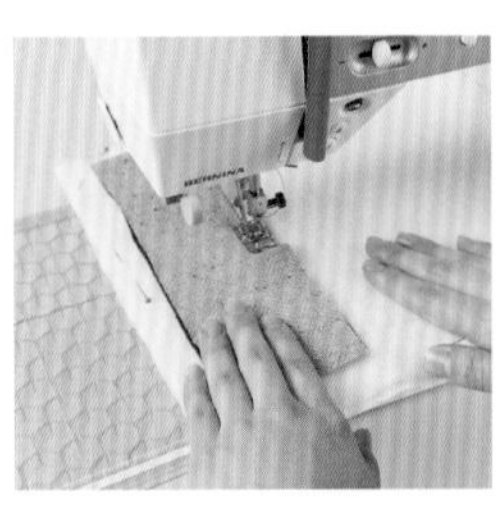

2
利用壓布腳的寬度為基準來做直線縫。如果布因為厚度的關係被推離正確的位置，就用錐子等一邊推布一邊縫。

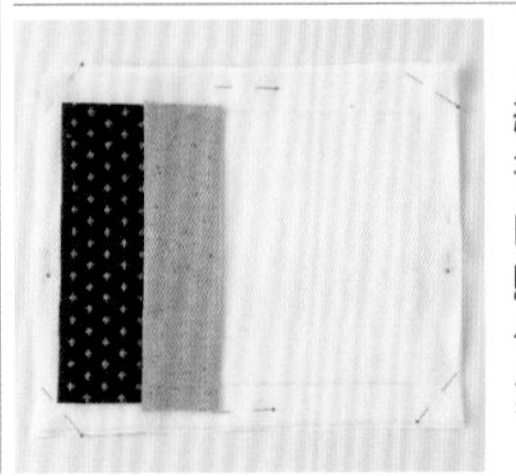

3
縫完第1、2片布並翻回表面時的模式。重複步驟①、②，繼續依相同方法縫紉第3、4片布。

4
全部縫好之後，在表面畫完成線，車縫距離完成線1～2mm的外側。要縫製成型時就依據這個縫目來為基準來。

適合羊毛布的裝飾方法

用刺繡裝飾

在連接處縫羽毛繡
刺繡和羊毛布很相配。照片中是在布片的連接處縫羽毛繡。可以用顏色醒目的線來強調，或是用和布同色系的線在布片連接處營造柔和的印象(第45頁)。

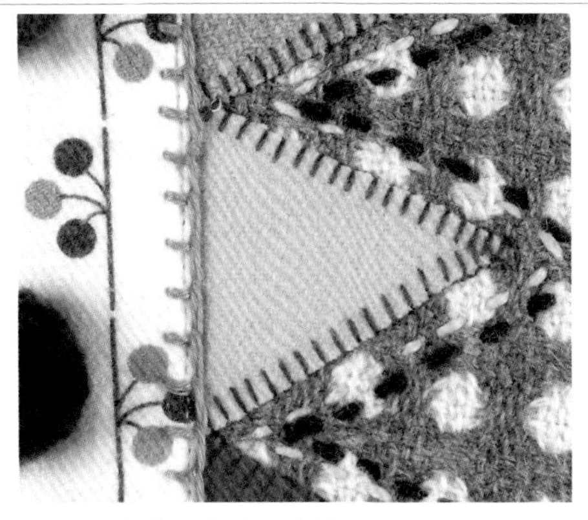

在連接處或布邊縫毛邊繡
這是在圖案的邊緣縫毛邊繡。配合布片大小改變線的粗細及針目大小，就能與作品融合得很好(第49頁)。

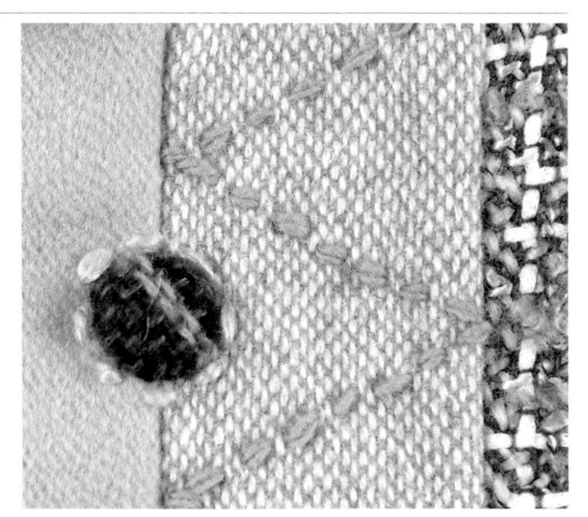

用毛線壓線
羊毛布的織目較粗，所以也可以用毛線來縫紉。想利用壓線讓作品看起來較蓬鬆時，就不要在布上燙貼布襯(第48頁)。

刺繡用的毛線
除了少量販賣的刺繡用毛線，也可以利用剩餘的毛線來縫。請配合作品的素材和設計選擇極細～粗的毛線。

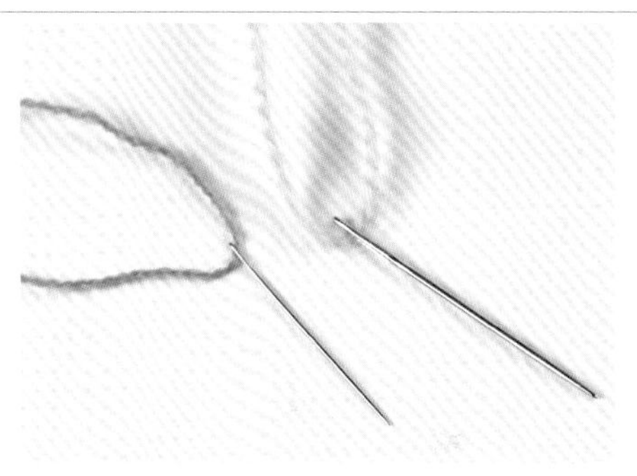

毛線用的針
要用毛線刺繡時，如果是像左邊這種極細的線，就用6條線用的刺繡針；如果是粗的線，就用較粗較長的針。

用毛邊繡做貼布繡

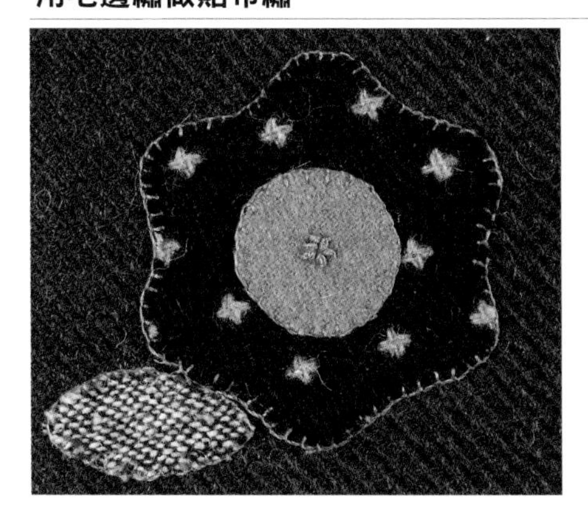

在貼布繡的圖案邊緣縫毛邊繡，看起來會更可愛。在照片上是將燙貼了雙面布襯的實際大圖案貼在底布上，周圍用1條25號刺繡線縫輪廓繡。整個圖案就會更加顯眼了。

毛邊繡的縫法

要在圖案周圍縫毛邊繡時，只要縫在布的邊緣，就能縫得很牢。在布的邊緣出針，把線掛在針上，抽出針。

抽出針後，把鬆鬆的線拉緊。不要拉得太緊，不然會失去刺繡的蓬鬆感，布也會被拉縐，請注意。

裝飾包包

珠子、刺繡、蕾絲和緞帶…。
幫包包打扮一下，讓設計更出色。

用珠子和刺繡裝飾的托特包

就像在米白色和淺駝色的布料上畫圖一般，縫上珠子和刺繡來裝飾。使用淺色的布和珠子，不要破壞布料原本的氣氛。

30.5×38cm 作法第100頁

蕾絲斜背包

在蕾絲布料上再重疊蕾絲緞帶，散發出羅曼蒂克氣息的斜背包。沿著花樣縫上珍珠，看起來非常高貴。

17×17㎝ 作法第101頁

用珠子和鎖鏈繡裝飾布片連接處。

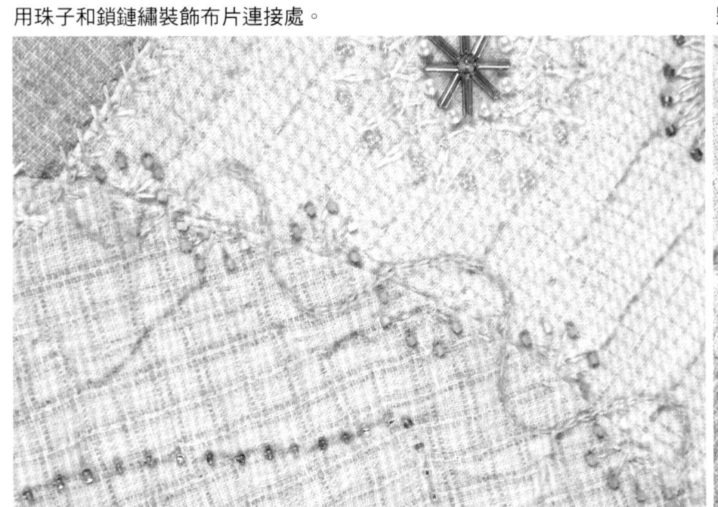

將羽毛繡縫成環狀，末端再用珠子裝飾。

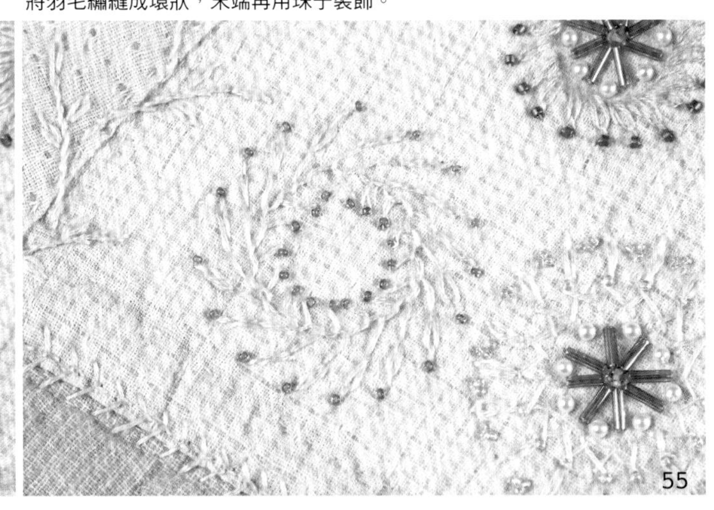

玫瑰圖案的刺繡包

用稍微深紫色的緞帶繡和
珠子在以紫色為主的淡色調底布上做重點裝飾。
24×42cm　作法第92頁

用裝飾帶和刺繡點綴的提包

在布片連接處縫上裝飾帶和刺繡。
較有份量感的裝飾帶選擇和布料相同的色系，
整體就會顯得很高貴。
20×28cm 作法第103頁

用蛛網玫瑰繡縫製的蓬鬆玫瑰花。

在底的綠色布和拼縫部分的連接處縫上較寬的裝飾帶，可提升整體的平衡感

各式各樣的裝飾

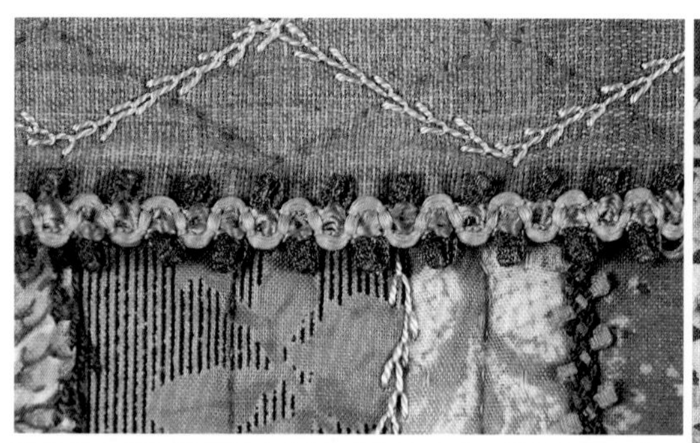

裝飾帶有從細的到具有份量感的寬尺寸，還有上面有花飾的，種類很多。第57頁的包包配合花朵印花選用了花與葉的裝飾帶。

在緞帶繡的玫瑰旁邊縫上如葉子般的飛形繡，再用竹形珠子來裝飾(第56頁)。

在蕾絲花紋的一部分縫上珍珠做裝飾，讓花紋看起來更立體(第55頁)。

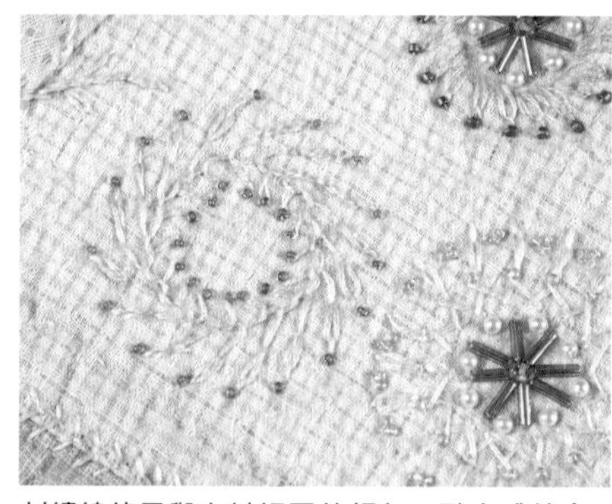

刺繡線使用與布料相同的顏色，融合感就會比較好。珠子用淡粉紅色做出剛剛好的強調(第54頁)。

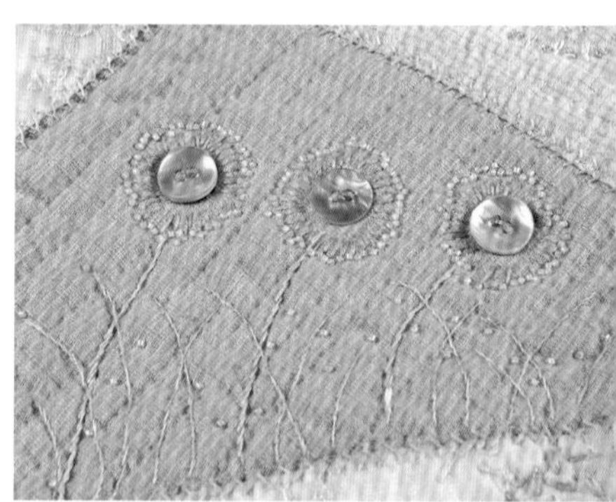

用貝殼鈕釦畫花芯，刺繡和珠子畫花瓣。葉子末端的珠子就像朝露一樣(第54頁)。

刺繡線

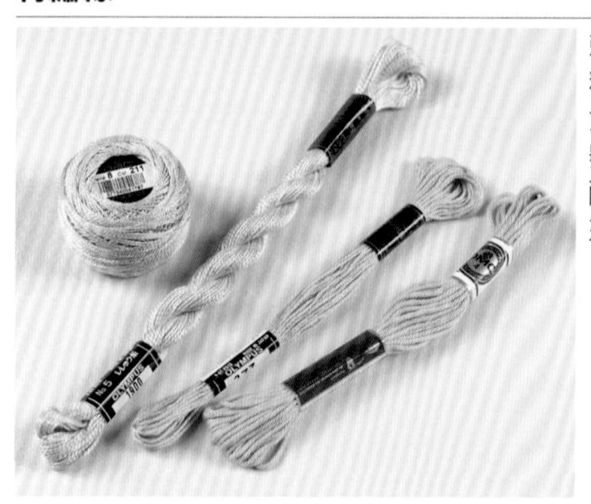

刺繡線有各種不同的粗細度，編號愈小就愈粗。左起為8號、5號、25號、4號。請配合想要表現的設計來選用。

與蕾絲布較搭配的珠子和刺繡線

要用珠子或刺繡線來裝飾蕾絲布時，請選擇珍珠、透明珠子，或米白色、象牙色的刺繡線等與布料同的色調，如此就能提升作品的品味與整體感。

縫珠子的方法

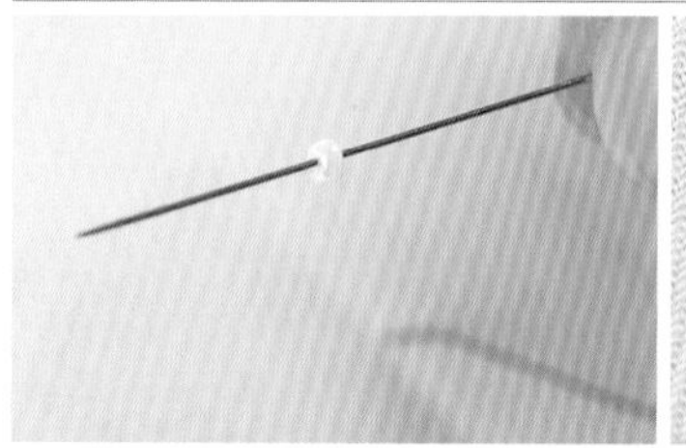

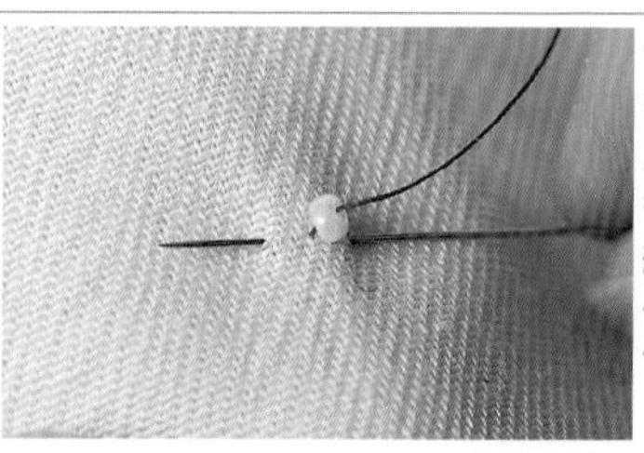

使用珠子用的細長針從布的下方出針並穿上珠子。接著從出針處依照回針縫的要領在布上挑一針。這樣珠子就會比較安定。

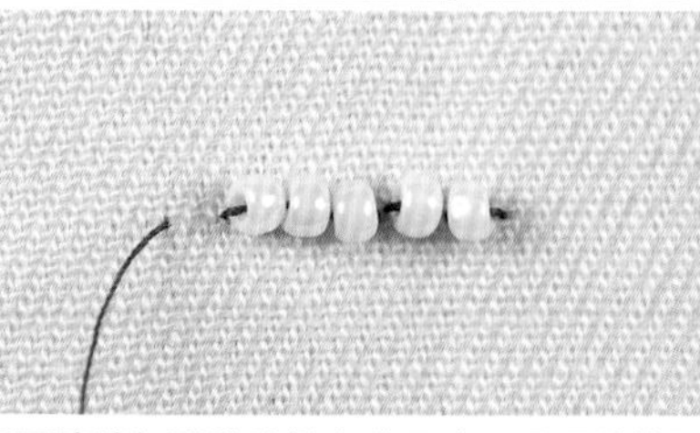

想要連續無間隙地縫上珠子時，只要讓挑取的針目小一點，就能縫得很漂亮。

作品的製作方法

●圖中的單位是cm(公分)。
●作品完成後的尺寸與圖中的尺寸多少會有些差異。
●縫份原則上布片加0.7cm、貼布繡加0.3～0.5cm，其他則加1cm裁剪。
●若標明為直接裁剪時，則不加縫份，裁剪成指定的尺寸。
●請參照第104頁的基礎拼布技巧一併閱讀。
●刺繡針法請參照第106頁。

P.6………手提包

●尺寸及材料

拼縫用的各種布片　底用布40×20cm　提把、包邊用布50×50cm　鋪棉、裡布、內袋用布各110×55cm
單面有膠鋪棉15×50cm　寬1.3cm的蕾絲1.1m

●製作方法

拼縫A～B′，做出側面的表層布→重疊鋪棉、裡布後縫上壓線→底也一樣縫上壓線→將側面縫成筒狀，與底面對面地對齊縫合→將袋口包邊→製作並縫上提把→縫上內袋→用星止縫將蕾絲縫在包邊的邊緣。

●製作要領

・在提把布的中心燙貼直接裁剪的6cm寬有膠鋪棉。

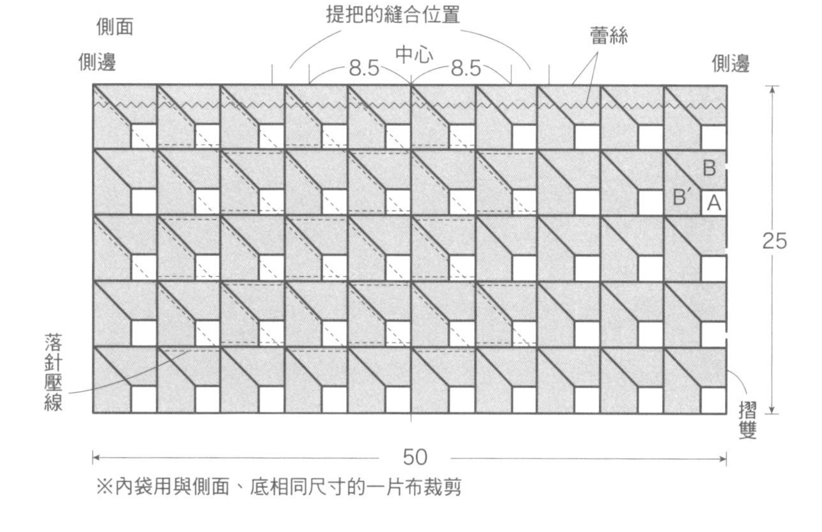

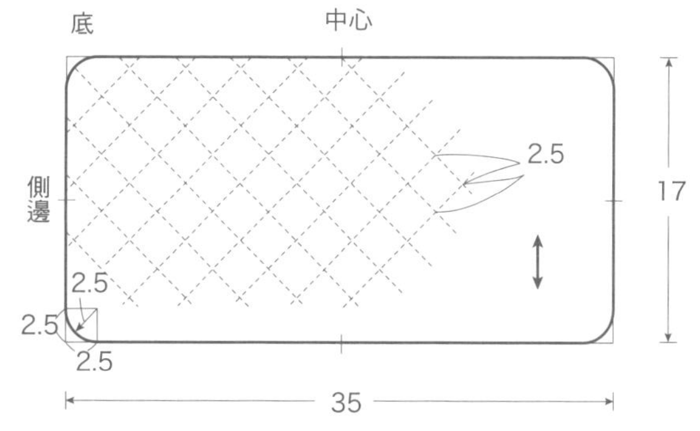

提把的製作方法及縫合方法

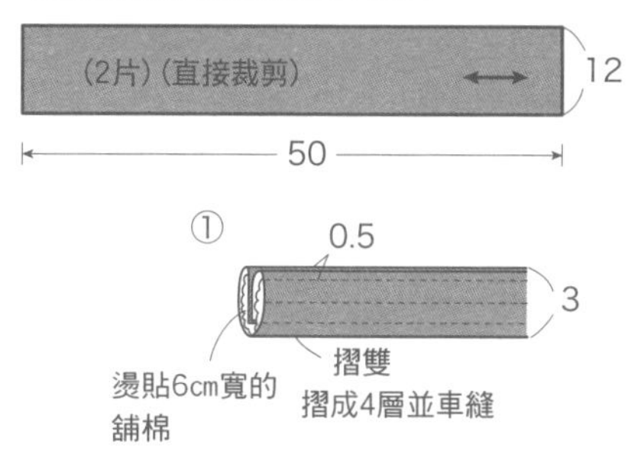

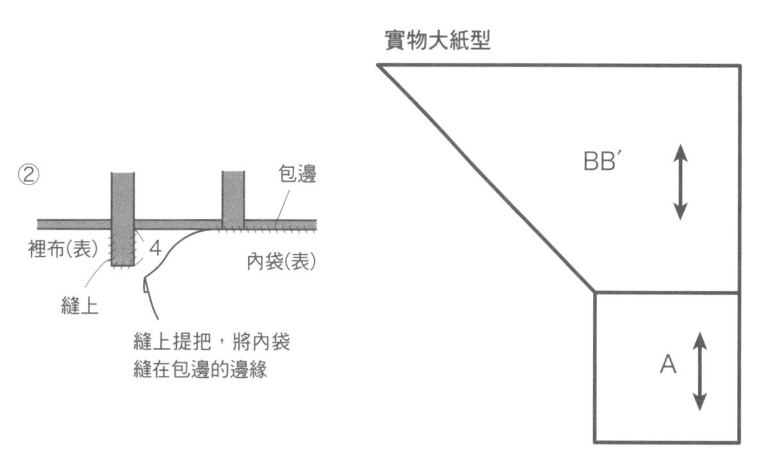

P.6……附口布的提包

●尺寸及材料

拼縫用的各種布片　米白色麻布55×15cm　口布110×35cm(含裡布的份量)　底、包邊用布40×25cm　舖棉80×20cm　寬2cm的麻質平織帶65cm　寬2cm的杉綾紋織帶60cm　寬0.6cm的波浪形裝飾帶55cm　寬1.5cm的花形鈕釦4個

●製作方法

拼縫A、B，與C連接成側面的表層布→重疊舖棉、裡布後縫上壓線→縫上裝飾帶和鈕釦→底也一樣縫上壓線→將側面縫成筒狀，與底面對面地對齊縫合→將袋口包邊→將提把與口布縫在包邊的邊緣。

●製作要領

・縫份的處理方法側邊請參照第105頁A，底則以包邊處理。

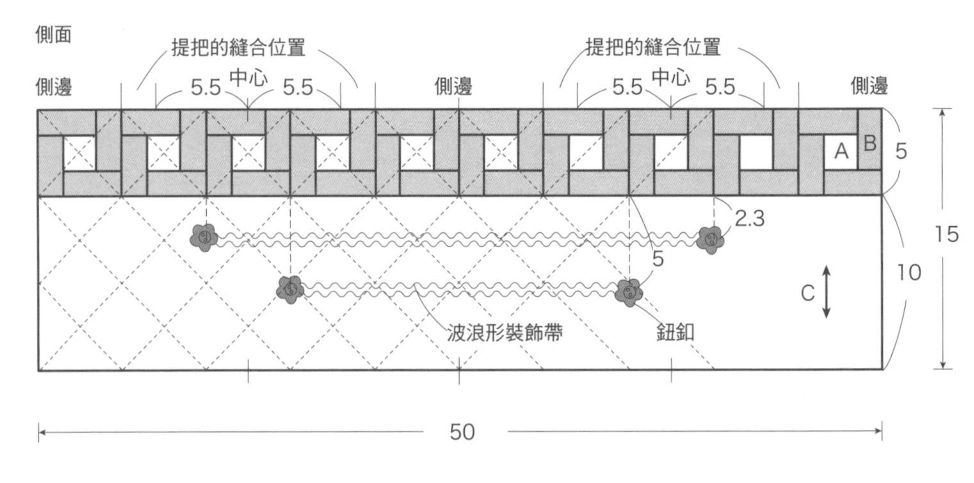

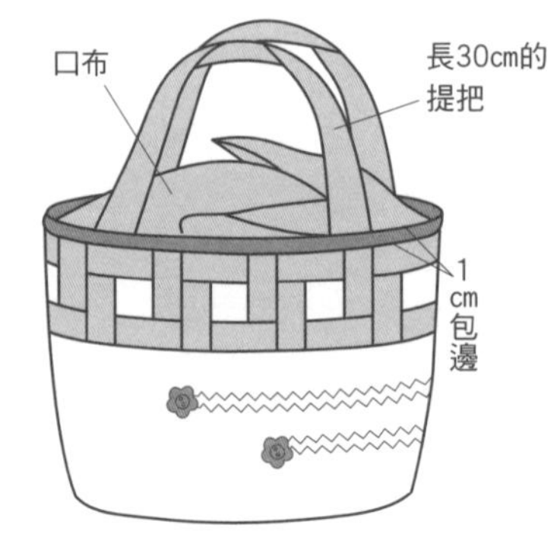

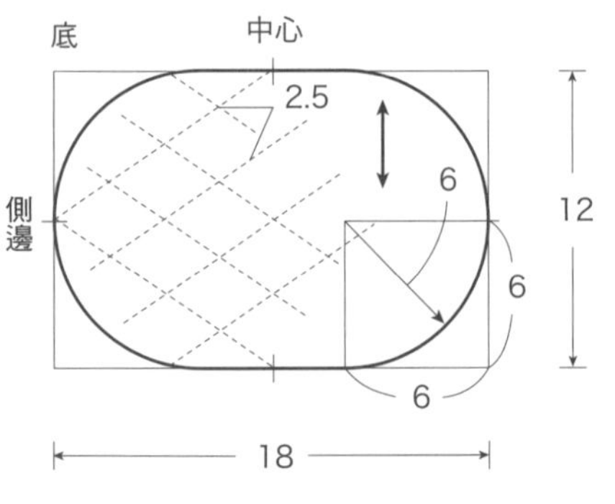

口布的製作方法

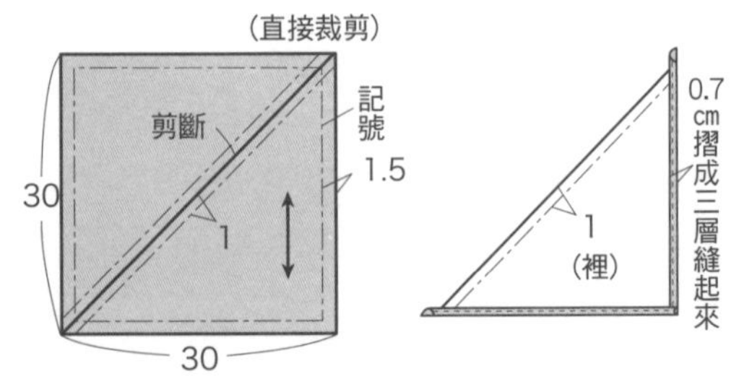

口布的縫合方法

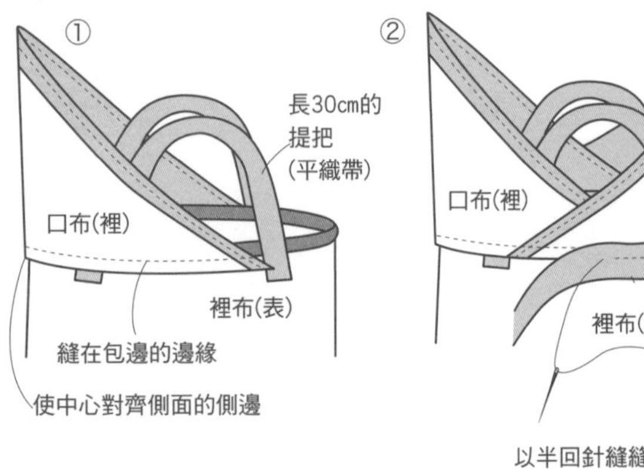

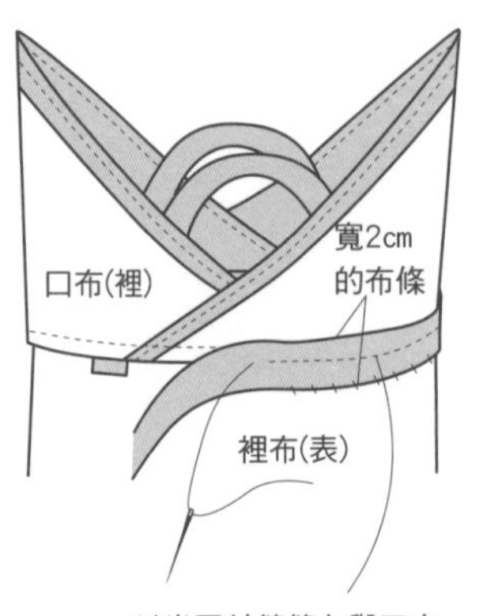

實物大紙型

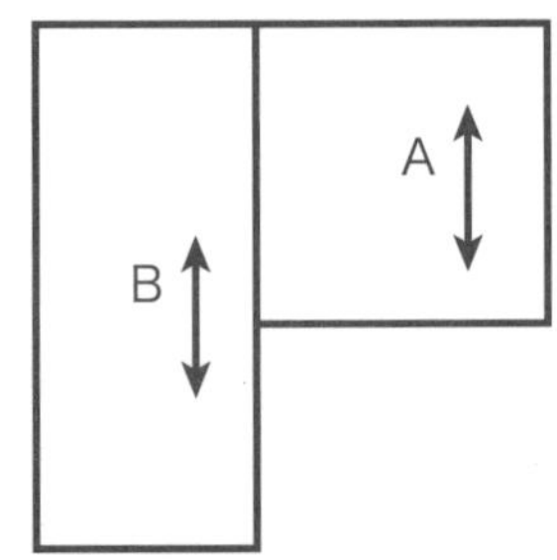

第61頁的實物大紙型

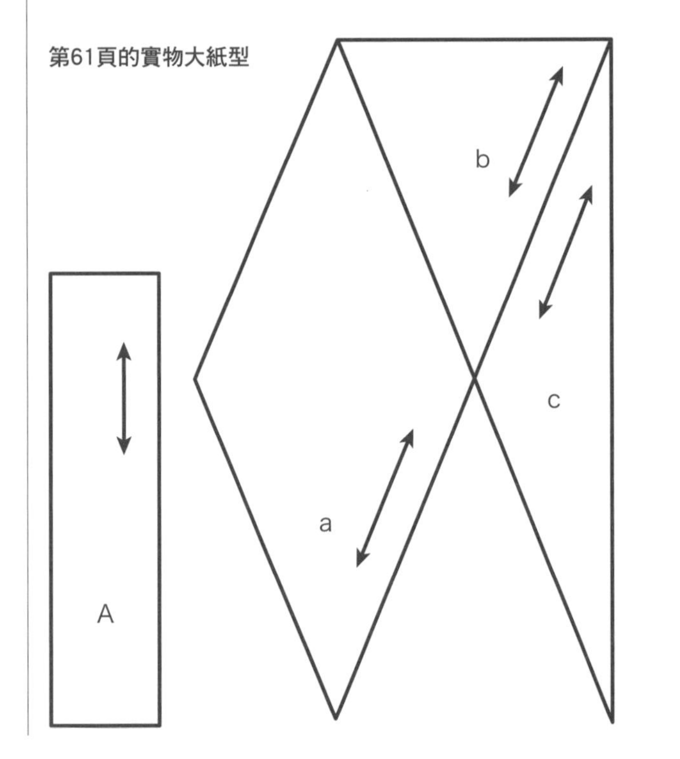

……**手提包2款**

●尺寸及材料

共通材料 拼縫用的各種布片　舖棉、裡布、內袋用布各100×60cm　內寬12×19cm的竹製提把1組

右　側身用布90×20cm(含E的份量)

左　B、C用駝色素布110×35cm(含E的份量)　側身用布90×15cm　25號駝色、米白色刺繡線適量

●製作方法

拼縫布片，做出2片側面的表層布(左側的要刺繡)→重疊舖棉、裡布後縫上壓線→側身也一樣縫上壓線→將側面與側身面對面對齊地縫合→依照與主體相同的方法縫紉內袋並留下翻口→使主體與內袋面對面地對齊，縫紉袋口→翻回表面，將翻口縫合，在袋口縫星止縫→將袋口反摺包住提把縫合。

●製作要領

- 縫合側面與側身時，使合印記號對齊，縫到口的記號為止。內袋也一樣。
- 縫合主體與內袋時，略過側邊的縫份。

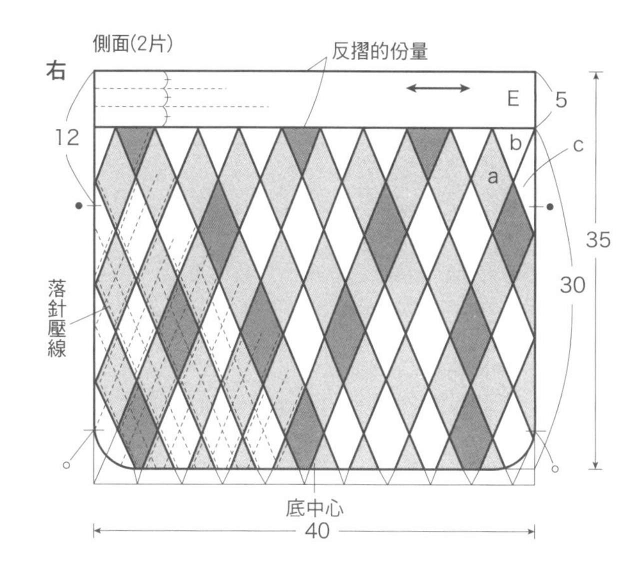

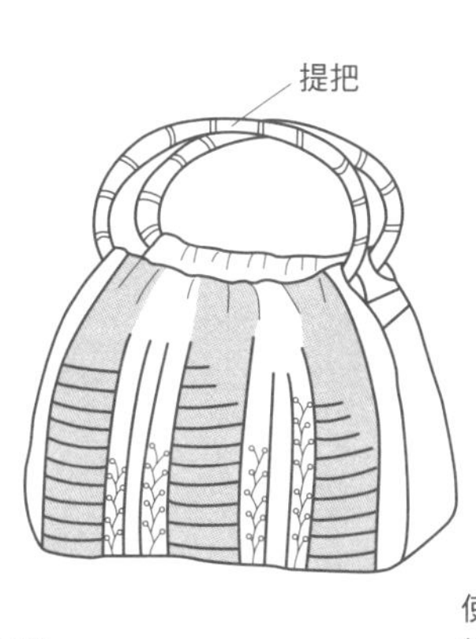

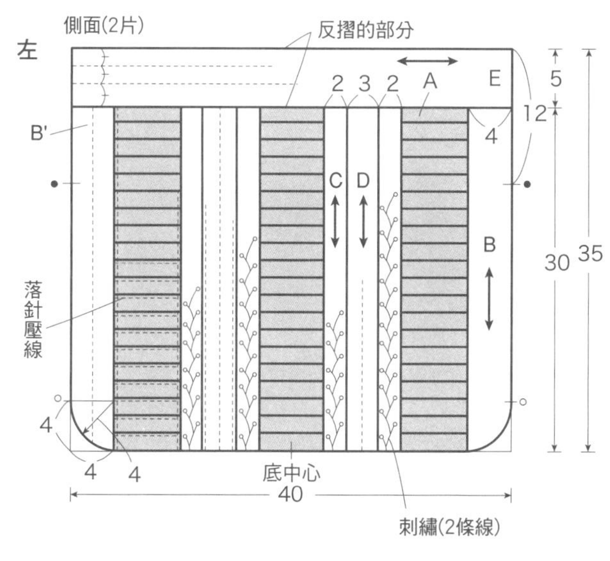

縫製方法

①

主體(裡)

側身(裡)

分別將主體與內袋縫成袋狀

②

使主體與內袋面對面地對齊，縫紉側面與側身的口部

內袋(裡)

15cm翻口

0.7cm縫份

主體(表)

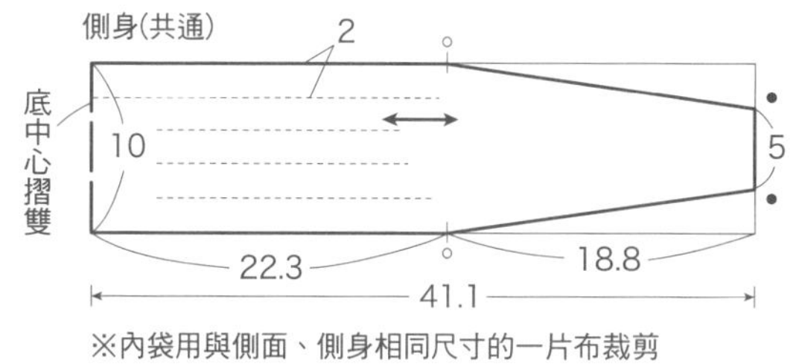

※內袋用與側面、側身相同尺寸的一片布裁剪

③

星止縫

主體(表)

內袋(表)

翻回表面，將翻口縫合

④

提把

5cm反摺

包住提把縫合

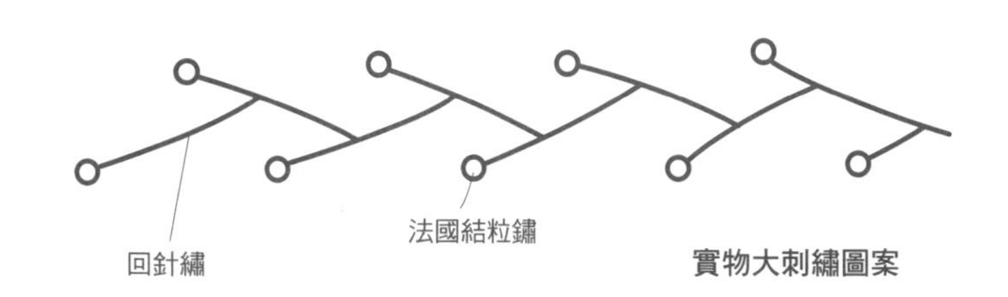

可束口的提包

●尺寸及材料

拼縫用的各種布片　褐色格子布55×35cm（含底、繩子綴飾的份量）　束口布90×60cm（含裡布的份量）　鋪棉100×30cm　直徑0.4cm的繩子1.5m　厚紙板26.5×10cm　布襯、手工藝棉各適量

●製作方法

拼縫A～I，連接J、K做出2片側面的表層布→製作提把→重疊鋪棉、裡布後縫上壓線（此時夾入提把一併縫合）→底也一樣縫上壓線→使側面與束口布面對面地對齊，縫紉側邊→將主體與底面對面對齊地縫合→縫紉穿繩處→在內底置入厚紙板，縫合於底→穿過繩子，縫上繩子綴飾。

●製作要領

・把側邊的縫份分開，用寬2.5cm的斜布條蓋住。

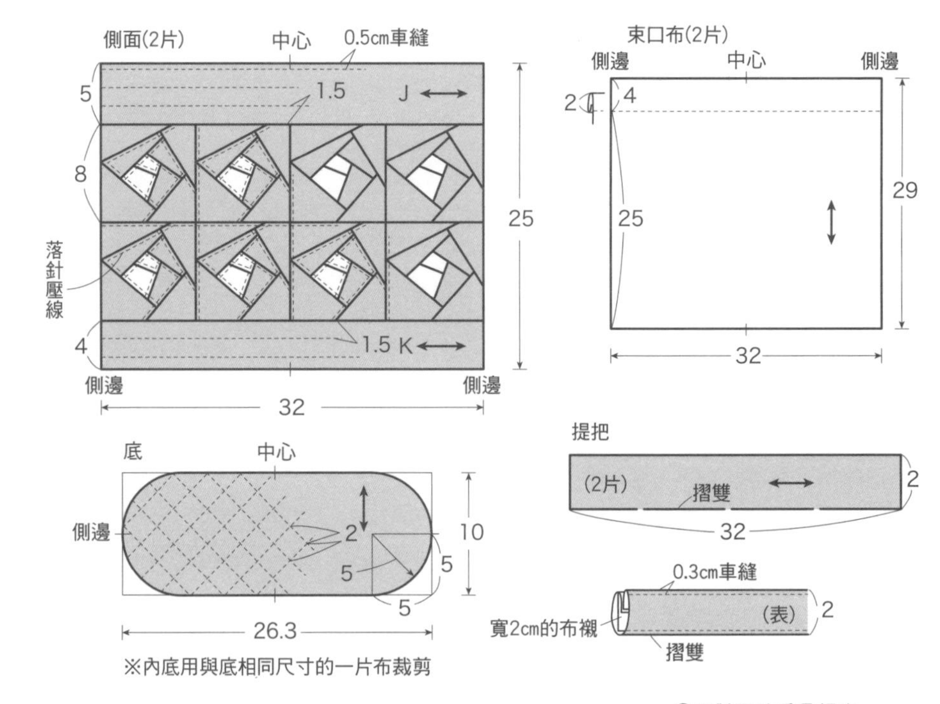

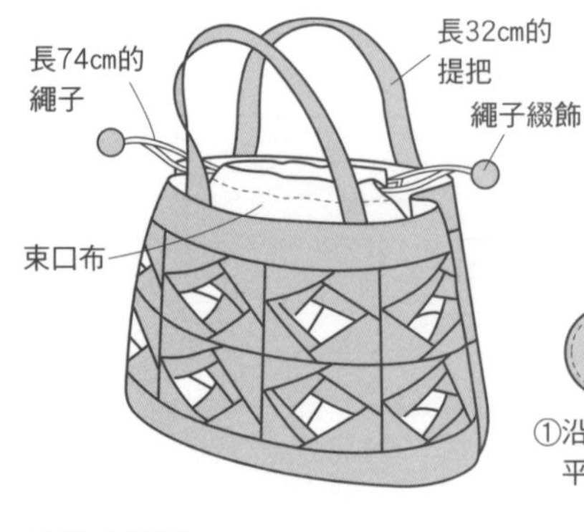

繩子綴飾的製作方法

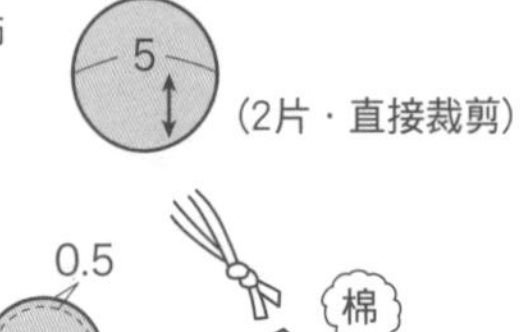

①沿著周圍平針縫　②塞入棉花和打好結的繩子，把平針縫的線拉緊

縫製方法

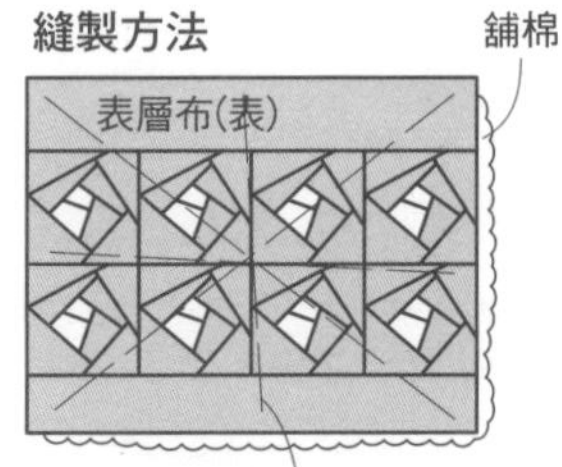

①重疊表層布及鋪棉，縫上疏縫

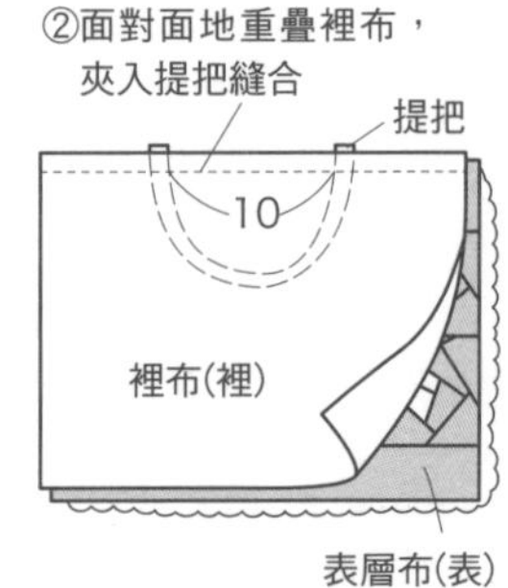

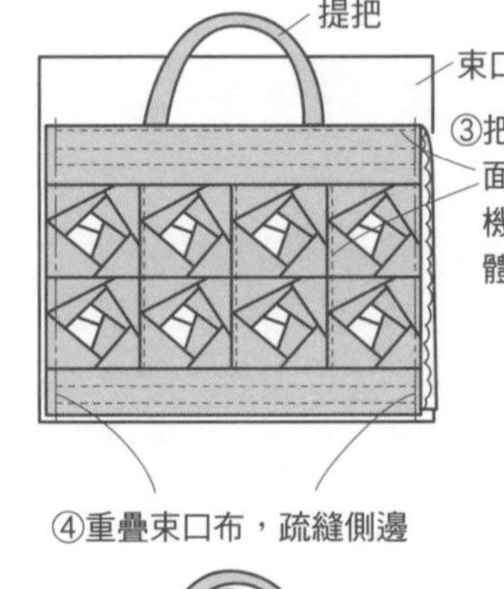

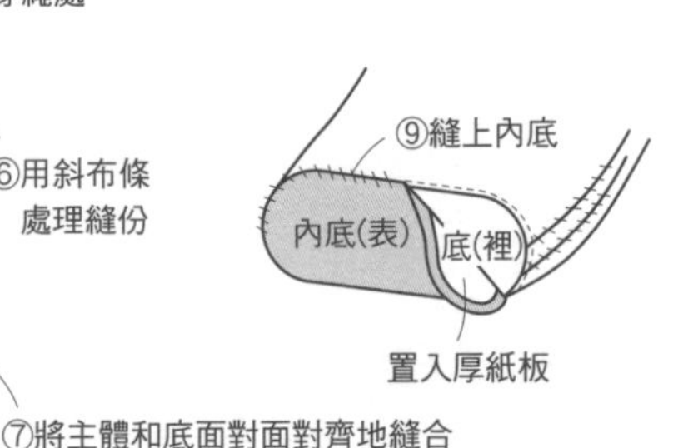

實物大紙型

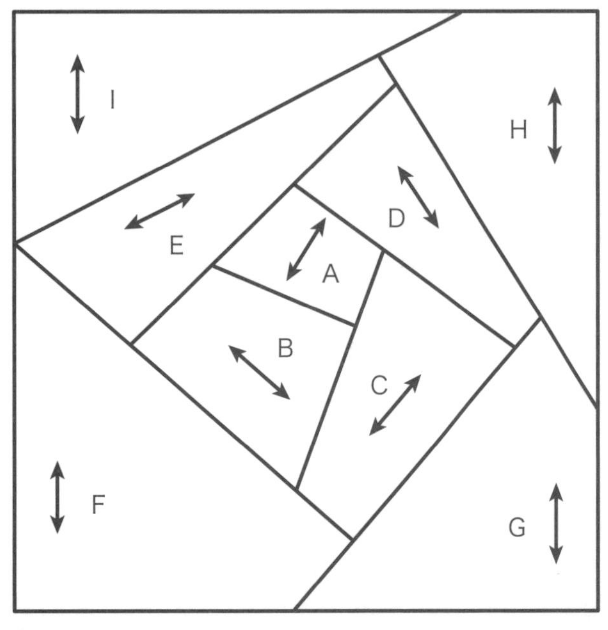

附蓋提包

※附錄正面⑧

●尺寸及材料

拼縫、貼布繡用的各種布片　米色格子布65×55cm(含貼邊、蓋子裡布、固定布的份量)　內袋用布65×40cm　鋪棉、裡布各65×55cm　布襯15×20cm　寬3cm的平織帶75cm　直徑1.5cm的磁釦1組　內寬1.2cm的D形環、長3.2cm的蛋形環各1個　直徑0.3cm的木珠子3個　麻繩、直徑0.2cm・0.5cm寬的繩子各適量

●製作方法

將A、B拼縫成表層布→重疊鋪棉、裡布後縫上壓線→從底中心面對面地摺起來，縫紉側邊及側身→製作內袋，置入主體中→在袋口疏縫提把和固定布，縫上貼邊→製作蓋子，縫合於後片上→縫上磁釦(參照第71頁)。

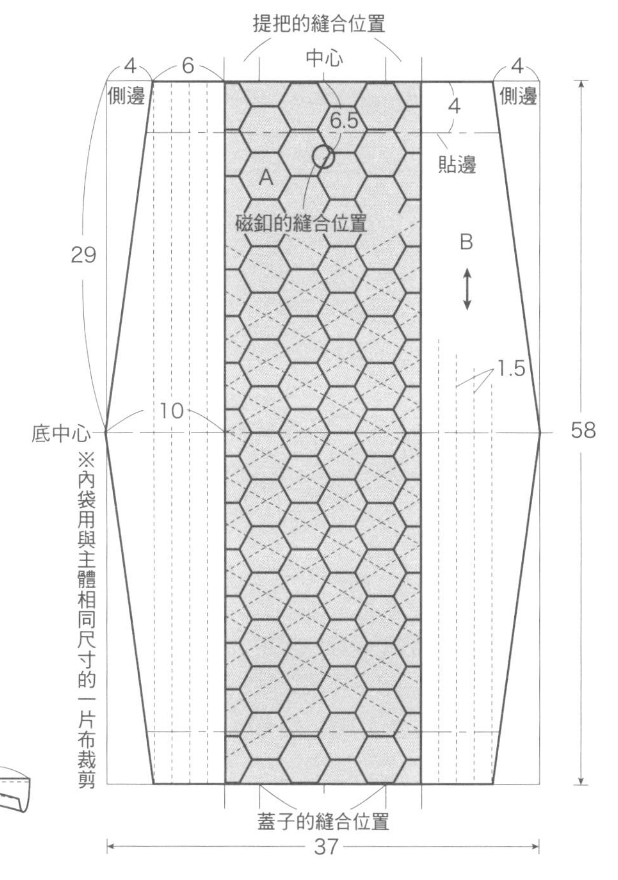

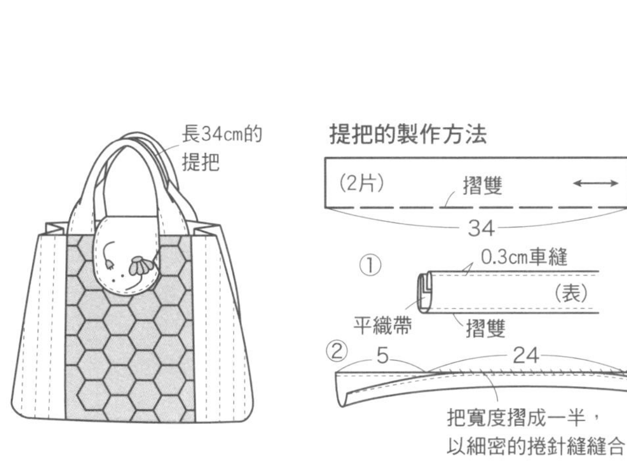

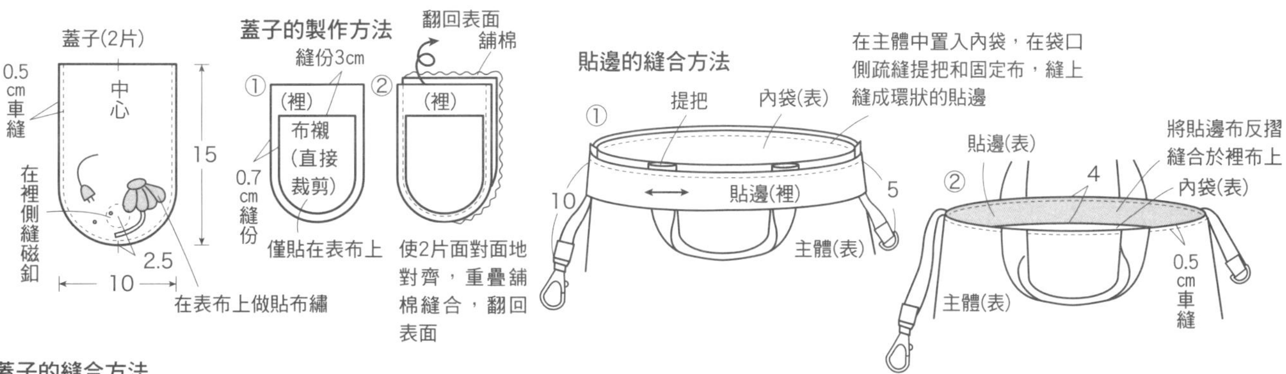

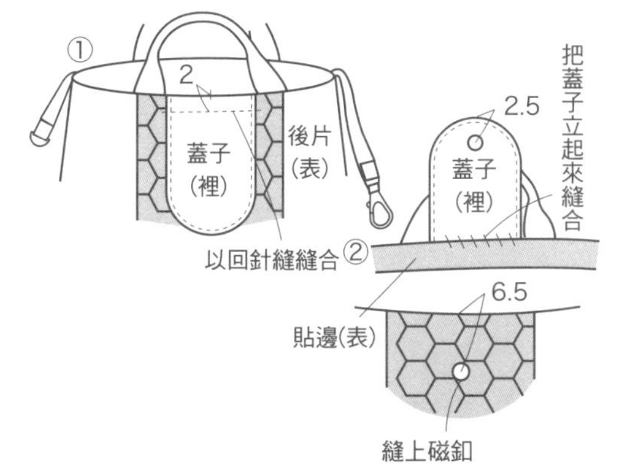

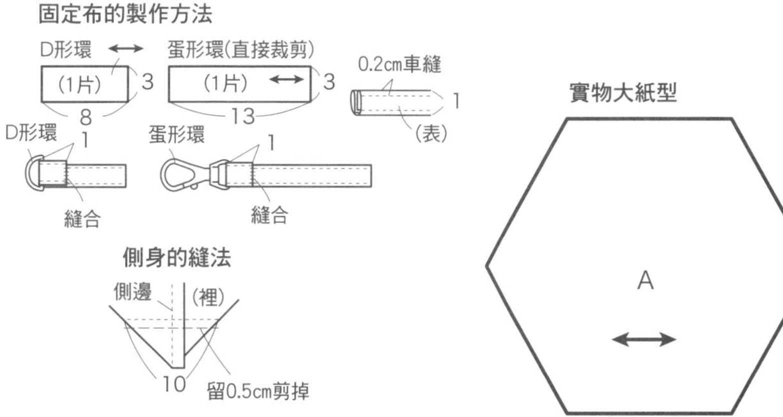

P.12……手提包和收納包

※附錄背面①

●尺寸及材料

手提包 貼布繡用的各種布片 麻布、黑色圓點紗布各60×30cm 單面有膠舖棉、裡布、內袋用布各80×45cm 直徑1.2cm鈕釦3個 長3.5cm吊帶夾具4個 直徑0.5cm的雙面短腳釘釦4組 寬1.5cm的絨面皮繩110cm 雙面布襯適量

收納包 貼布繡、包邊用的各種布片 麻布50×20cm 黑色圓點紗布30×20cm 單面有膠舖棉、裡布、內袋用布各40×40cm 長30cm的拉鍊1條 寬1.2cm的布條20cm 寬0.9cm的皮繩25cm 雙面布襯適量

●製作方法

手提包 拼縫A、B，貼上貼布繡的布片，完成前、後片表層布的製作→重疊舖棉、裡布後縫上壓線→縫上鈕釦→將前、後片面對面對齊地縫成袋狀→製作內袋，與主體面對面地對齊，縫紉袋口，翻回表面→車縫袋口→製作並縫上提把。

收納包 依照和手提包相同的方法製作表層布並縫上壓線→將袋口包邊→裝上拉鍊→在側邊夾入側耳，面對面地縫合→將提把夾入縫合於側身→製作內袋，縫在拉鍊的縫目邊緣。

●製作要領

- 貼布繡布片先燙貼雙面布襯，再以鋸齒狀車縫縫紉周圍(參照第21頁)。
- 貼布繡旁的壓線用縫紉機的自由曲線隨興地縫。
- 包包的提把是將長53cm的絨面皮繩穿過夾具後以釘釦固定。

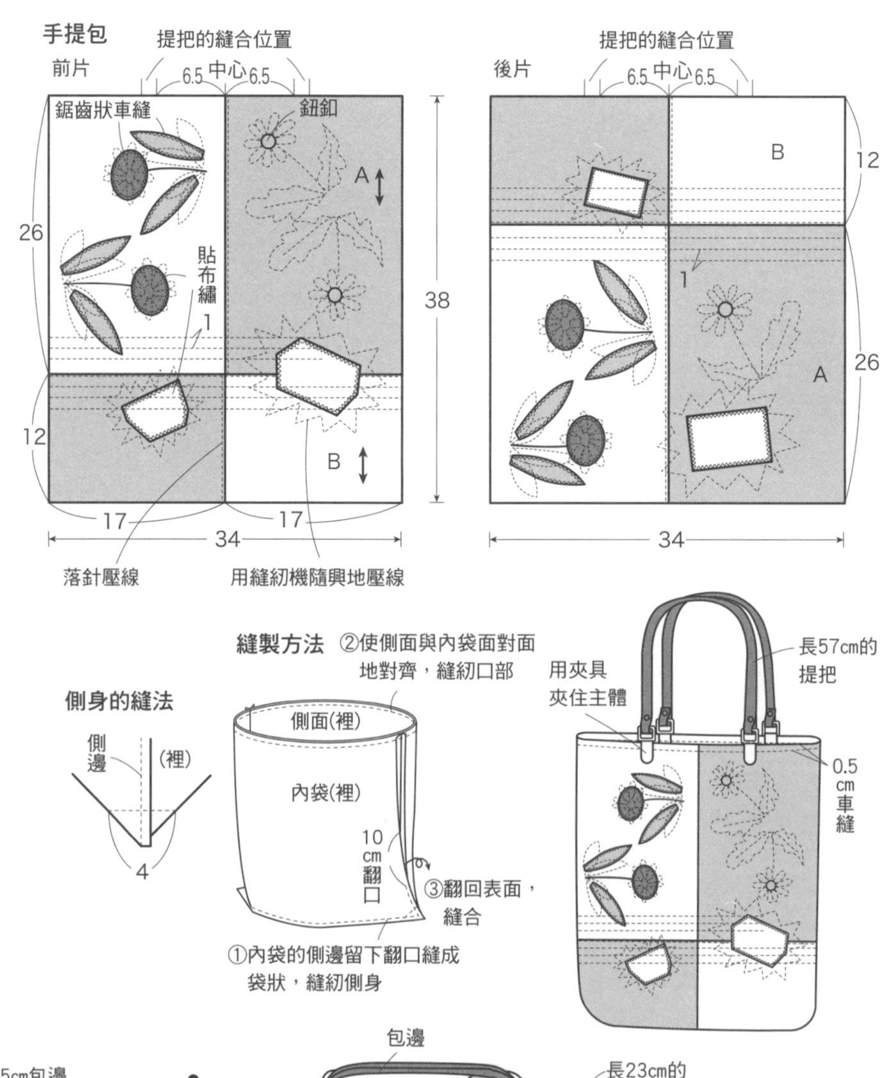

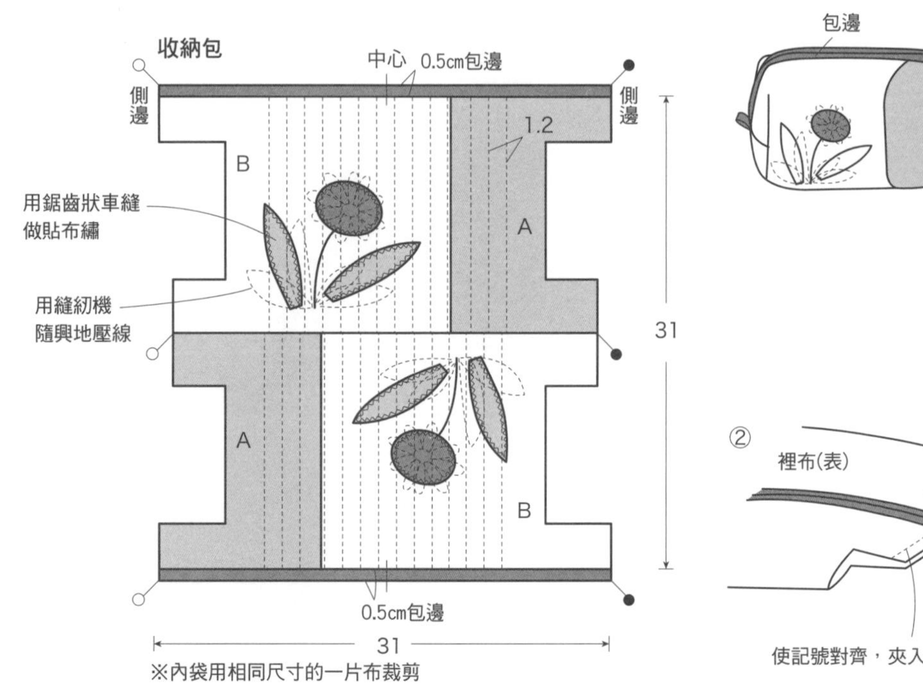

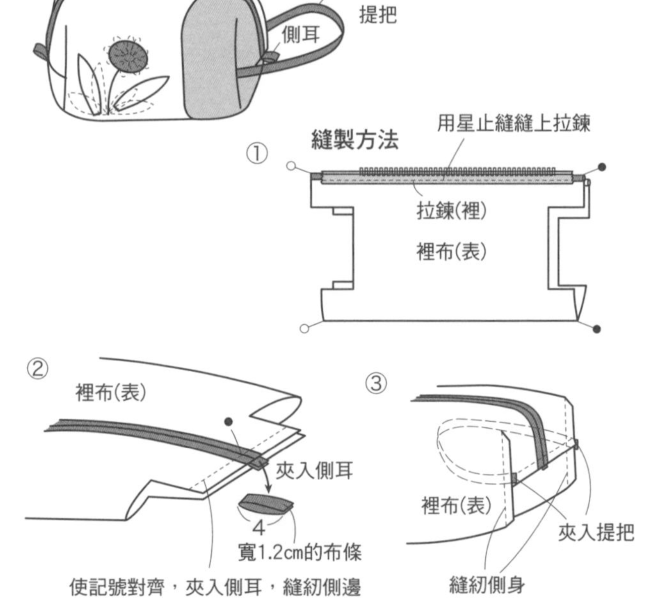

P.7………**花卉提包** ※附錄正面②

●尺寸及材料

拼縫、貼布繡、Yo-Yo拼布、布環用的各種布片　裡布80×60cm(含內底的份量)　雙面有膠鋪棉80×50cm　側身用布80×15cm　內寬13cm的竹製提把1組　底板用塑膠板或厚紙板31.5×8cm　25號刺繡線適量

●製作方法

拼縫A，縫上貼布繡及刺繡，完成2片側面的表層布→在表層布上燙貼鋪棉，與裡布面對面地對齊，縫紉周圍→翻回表面，將翻口縫合，縫上壓線→側身也一樣縫上壓線，與側面面對面地對齊，以捲針縫縫合→製作布環和Yo-Yo拼布，縫上提把→製作內底，縫合於底部。

●製作要領

・沿著縫目邊緣剪掉多餘的鋪棉。

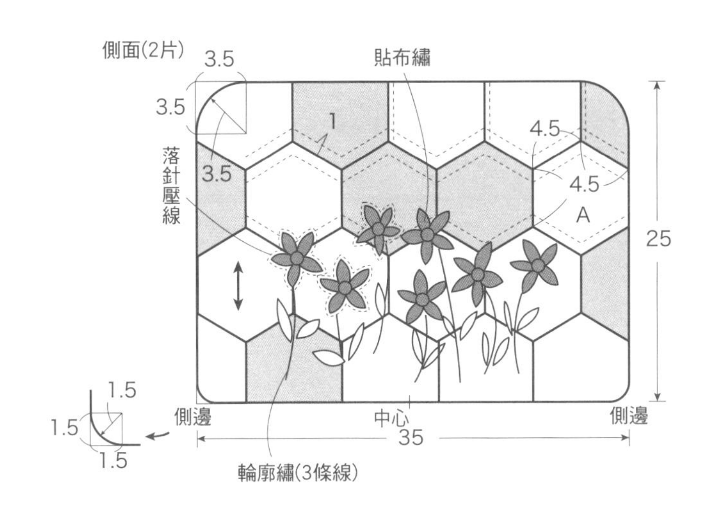

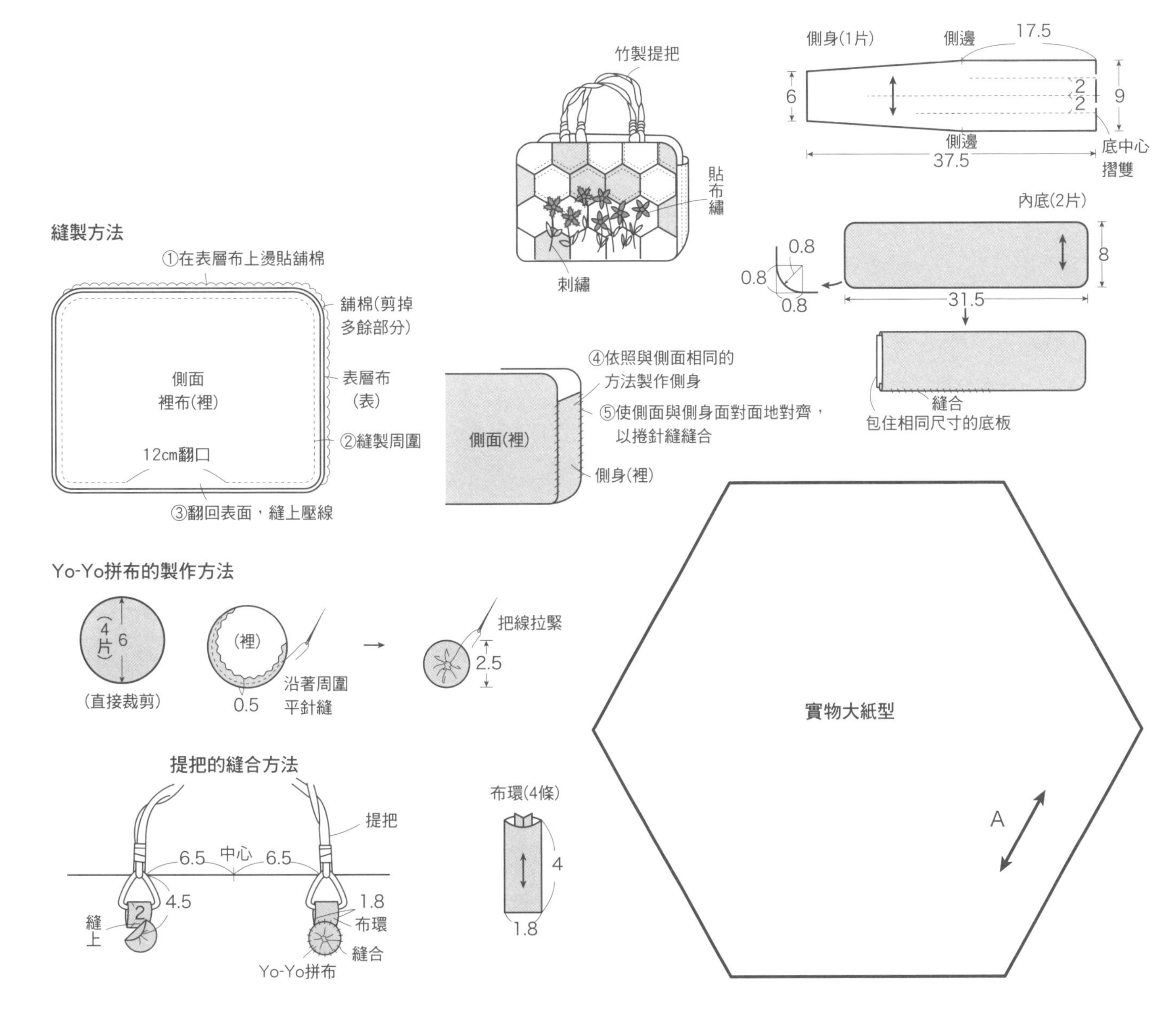

P.14、15……白色與粉紅色手提包

●尺寸及材料

白色 貼布繡用的各種布片 白色麻布90×55cm(含布環、貼邊的份量) 鋪棉、裡布各100×50cm 內袋用布110×35cm(含內口袋的份量) 長20cm的拉鍊1條 直徑2.8cm的磁釦(縫合型)1組 內寬10cm的塑膠提把1組 雙面布襯適量

粉紅色 拼縫用的各種布片 粉紅色木紋布75×35cm(含布環、貼邊的份量) 鋪棉、裡布、內袋布(含內口袋的份量)各90×40cm 長18cm的拉鍊1條 內寬10cm的塑膠提把1組

●製作方法

白色 用雙面布襯將貼布繡的布片燙貼在底布上，重疊鋪棉、裡布後縫上壓線→將2片面對面對齊地縫成袋狀，縫紉側身→把布環疏縫在主體上，使內袋面對面地對齊，縫紉袋口，翻回表面→縫上磁釦→將提把穿過布環。

粉紅色 依喜好分割並拼縫側面的表層布→重疊鋪棉、裡布後縫上壓線→側身也一樣縫上壓線→將側面與側身面對面對齊地縫合→把布環疏縫在主體上，使內袋面對面地對齊，縫紉袋口→翻回表面→將提把穿過布環。

●製作要領

- 白色貼布繡布先重疊鋪棉和裡布再車縫。回針縫是縫紉機的花樣縫。
- 袋口從貼邊側以星止縫固定即可。

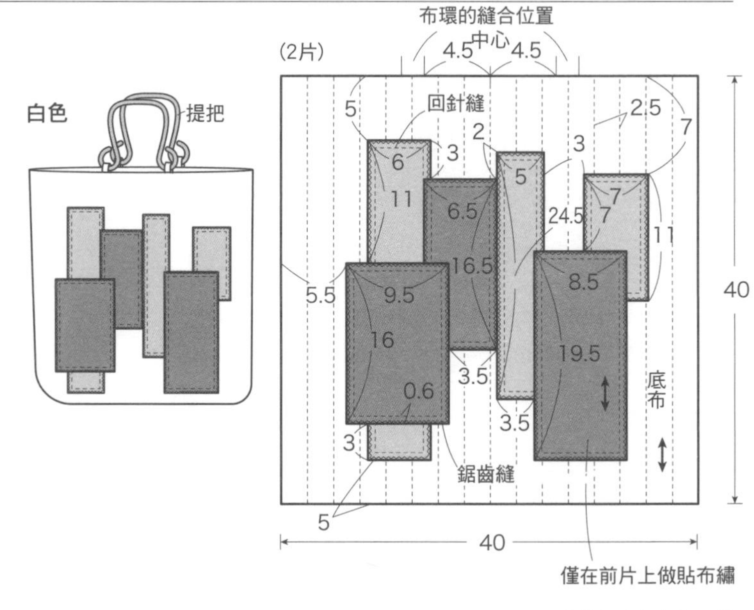

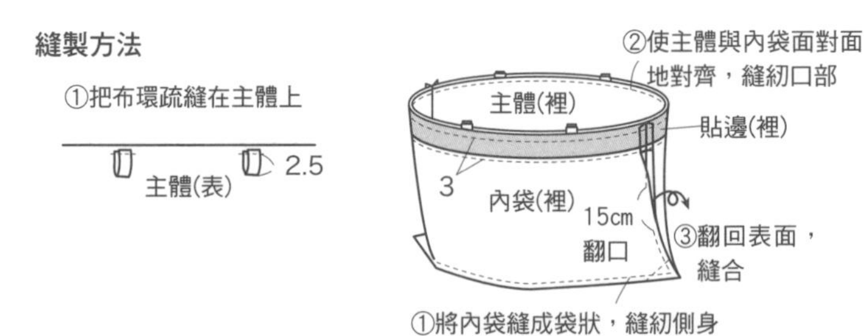

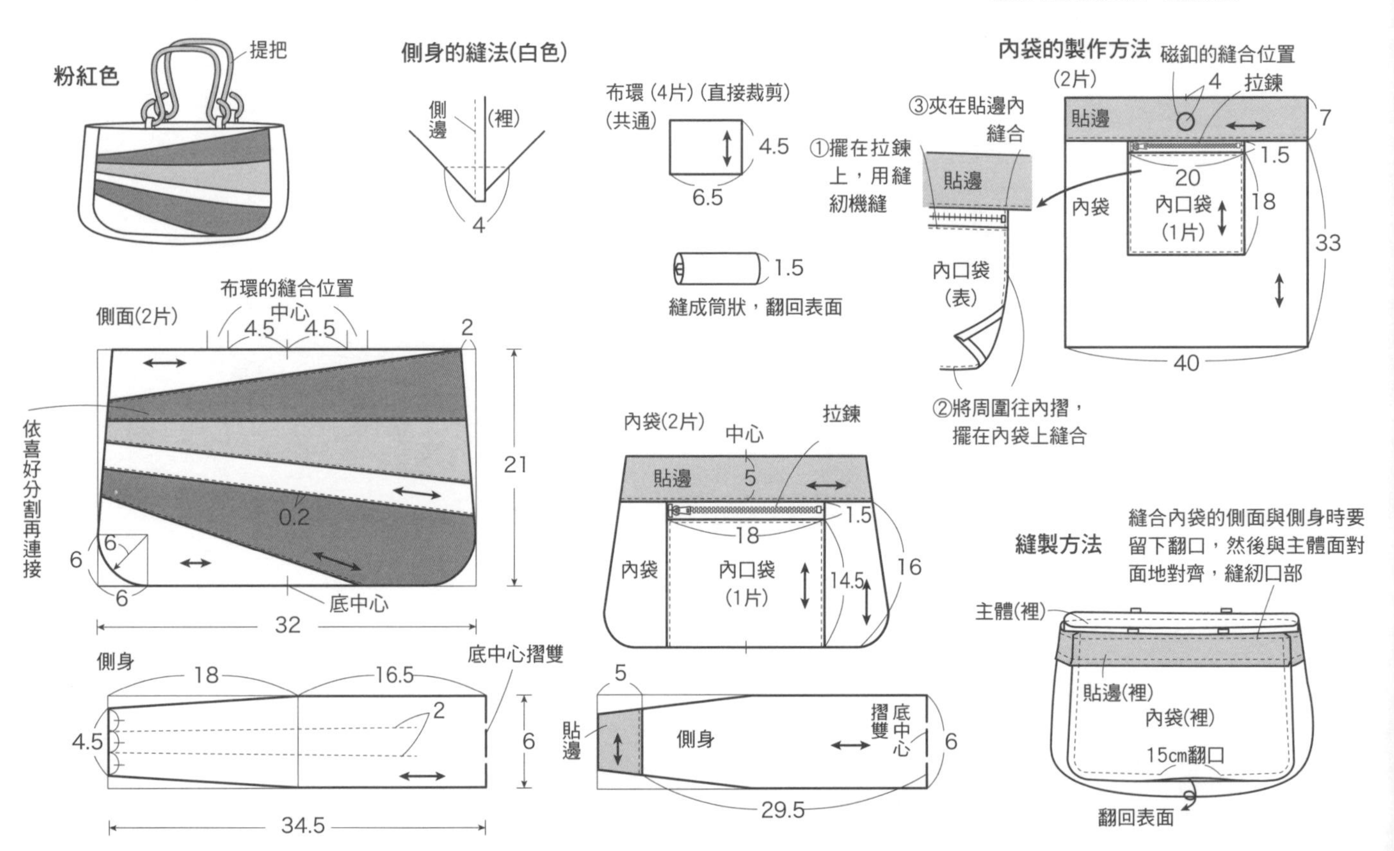

P.13……花與葉提包

※附錄背面③(葉)、⑬(花)

●尺寸及材料

葉　主題圖案用的各種布片　底布用帆布、單面有膠鋪棉、裡布、內袋用布各50×30cm　直徑1.2cm塑膠包釦2個　直徑1.3cm的磁釦1組　寬0.8cm的褐色皮帶41cm　直徑0.5cm的雙面短腳釘釦2組　長3.5cm的吊帶夾具2個　寬1.5cm的紅色皮革5cm　包釦用的紅色素布、寬0.6cm的緞帶、雙面布襯、25號紅色．綠色刺繡線各適量

花　主題圖案用的各種布片　底布用帆布、單面有膠鋪棉、內袋用布各55×30cm　寬1cm的紅色皮革75cm　直徑0.5cm的雙面短腳釘釦4組　長3.5cm的吊帶夾具4個　寬0.3cm的麻織帶、雙面布襯各適量

●製作方法

葉　在底布上燙貼鋪棉，與裡布重疊後用縫紉機壓線→燙貼緞帶及主題圖案布片，用縫紉機縫合→製作並縫上包釦→刺繡並縫上果實→後片也一樣用縫紉機壓線→分別縫紉褶子，將2片面對面對齊地縫成袋狀(此時夾入側耳一併縫合)→製作內袋，與主體面對面地對齊，縫紉口部→翻回表面，將翻口縫合，使內袋凸出0.6cm車縫袋口→裝上提把。

花　在底布上燙貼鋪棉，重疊麻織帶和主題圖案布片，用縫紉機縫合→在主題圖案周圍車縫→後片也一樣用縫紉機壓線→將前、後片面對面對齊地縫成袋狀→以下作法同葉的提包(內袋不要凸出)。

●製作要領

・葉的主題圖案布片用丹寧布就好了。
・在貼布繡布片的裡側燙貼雙面布襯，直接裁剪下來，用熨斗燙貼在底布上。然後用直線的車縫或細針目的鋸齒縫做貼布繡。

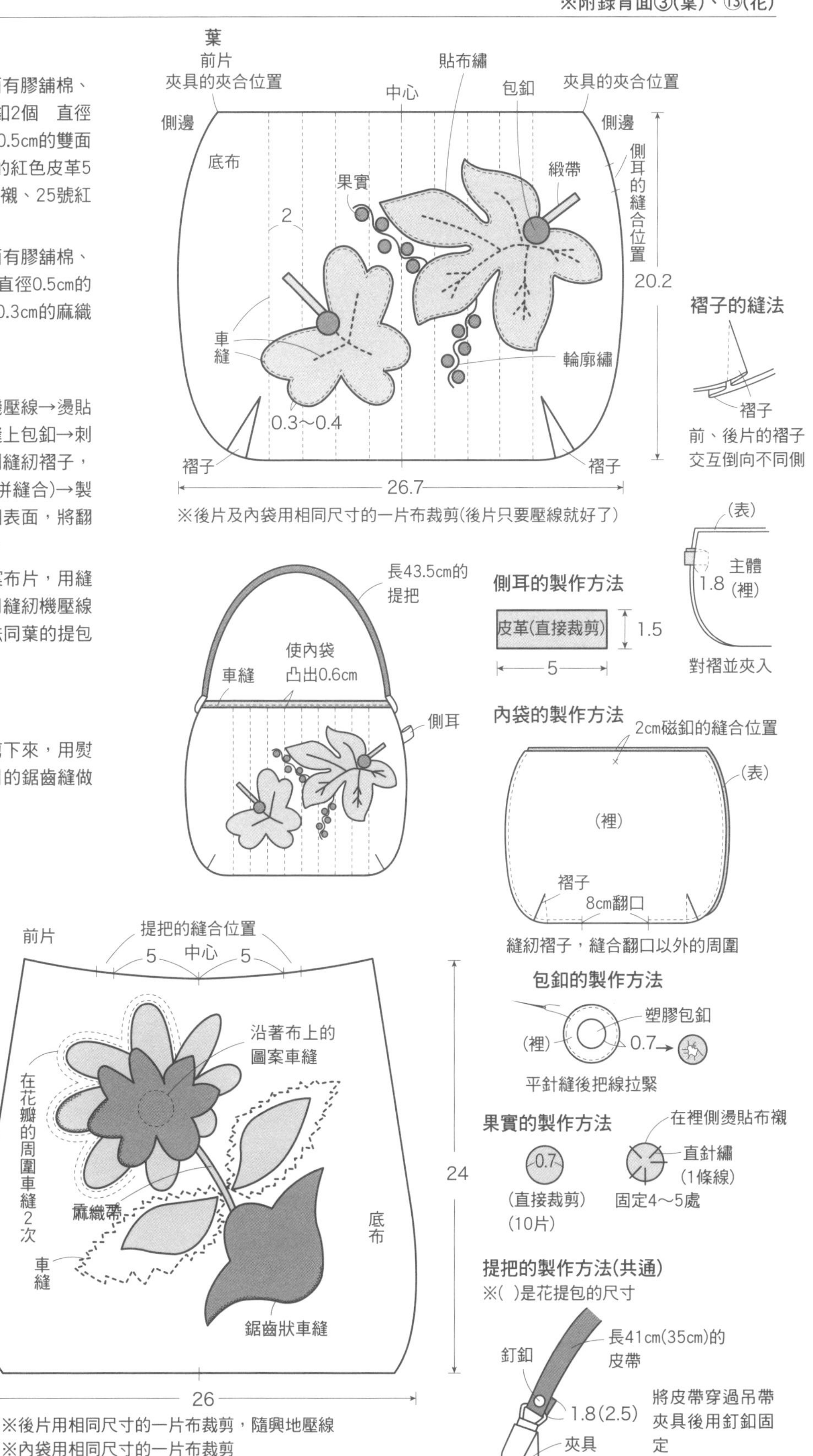

P.17.........手提包2款

●尺寸及材料 ※(　)為小的尺寸

灰色天鵝絨25×25cm(20×15cm)　黑白格子布55×30cm(40×25cm)(含包邊的份量)　鋪棉、裡布、內袋用布各74×40cm(60×35cm)　寬1.2cm的蕾絲25cm(20cm)　寬0.4cm的珠鍊45cm(60cm)　內寬11.5cm的提把1組

(僅大提包)粉紅色木紋布45×25cm(含後片底布的份量)　灰色素布65×35cm(含口袋、布環的份量)　寬0.6cm的珠鍊100cm

(僅小提包)水藍色木紋布20×10cm　青色花朵印花布40×20cm(含後片底布的份量)　口袋、布環用布40×20cm　側身用布60×10cm

●製作方法

將A～C′拼縫成前片的表層布→重疊鋪棉、裡布後縫上壓線→口袋及側身也一樣縫上壓線→將口袋的口部包邊後擺在後片的底布上，在中心縫上蕾絲和珠鍊→將前、後片及側身背對背對齊地包邊→製作布環，穿過提把後疏縫於袋口→製作內袋，與主體面對面地對齊，縫紉袋口→翻回表面，將翻口縫合，車縫袋口→在袋口縫上珠鍊。

●製作要領

・依照與主體相同的方法縫製內袋，在底部留下翻口。
・珠鍊用透明線縫合。

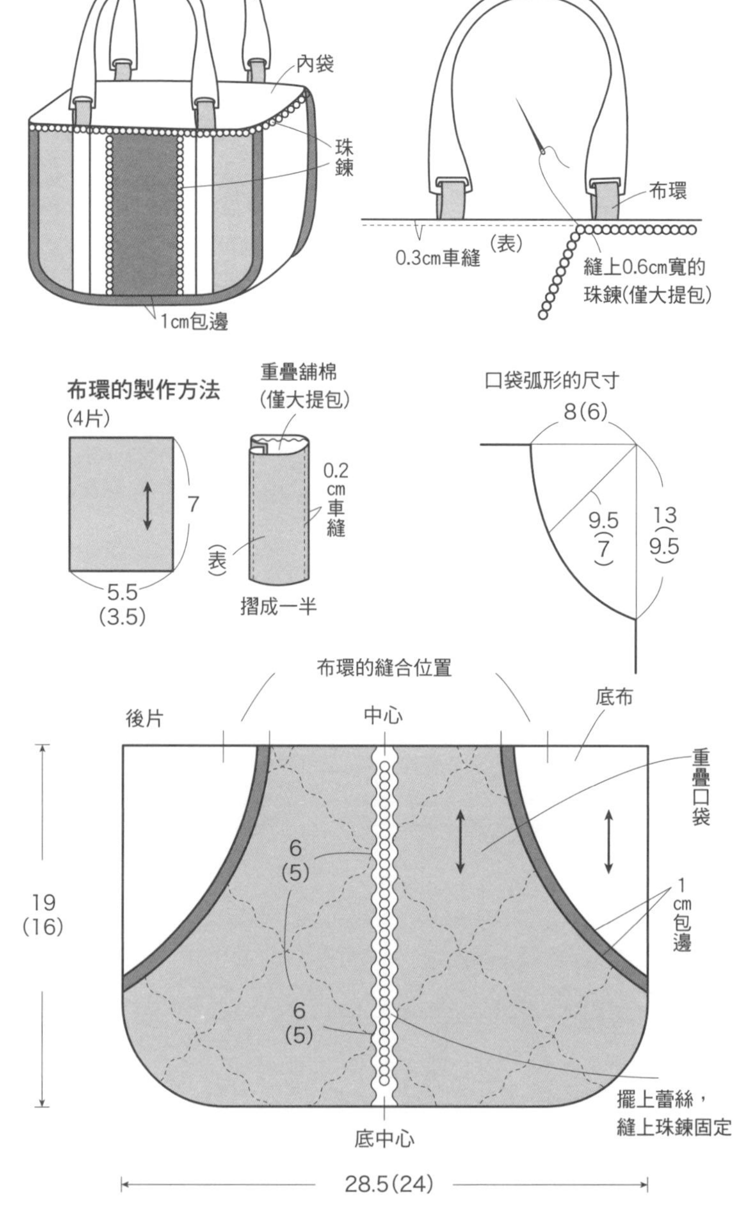

※後片的底布用與前片相同尺寸的一片布裁剪。
內袋用和主體相同尺寸的一片布裁剪。

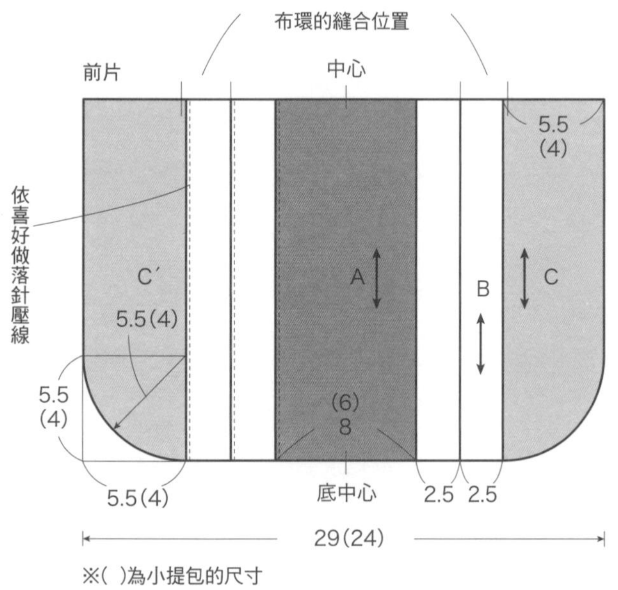

※(　)為小提包的尺寸

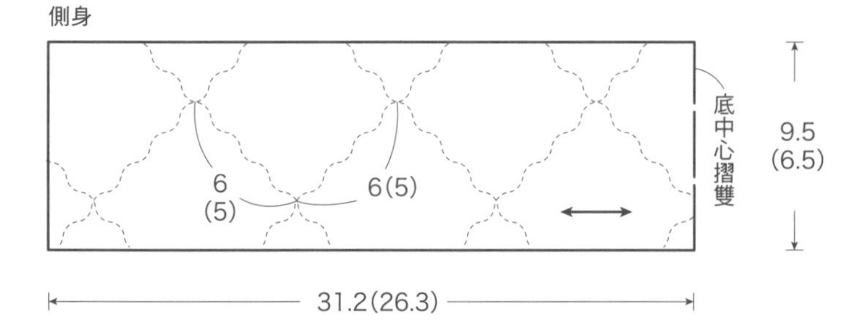

扇形邊飾手提包

※附錄背面⑥

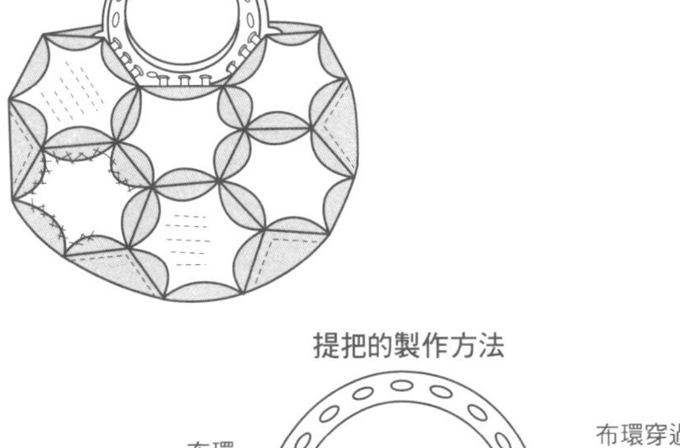

●尺寸及材料

底布用格子布110×45cm(含A的份量)　裝飾布用的印花布(含布環的份量)、鋪棉各60×45cm　Yo-Yo拼布40×20cm　內寬8.3cm的木製環狀提把1組　直徑0.2cm的珠子、25號淡紫色刺繡線各適量

●製作方法

製作12片主題圖案及4片A→刺繡並縫上珠子→分別面對面地對齊並以捲針縫連接，縫成袋狀→製作布環，穿過提把縫在主體上→製作並縫上Yo-Yo拼布。

●製作要領

· 使2片A面對面地對齊，重疊鋪棉，縫合並留下翻口，翻回表面，將翻口縫合。
· 刺繡用2條線。

提把的製作方法

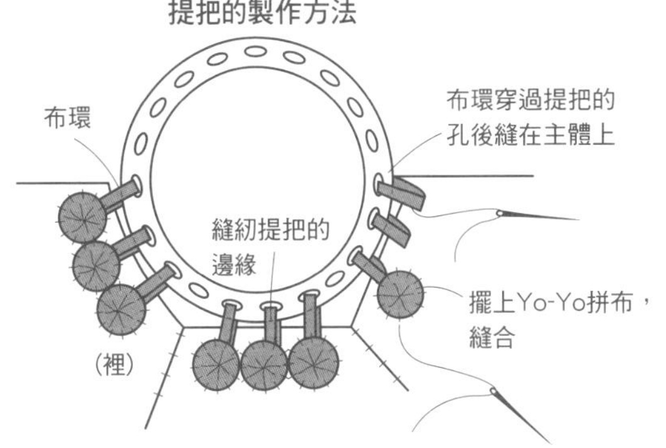

扇形邊飾主題圖案的製作方法

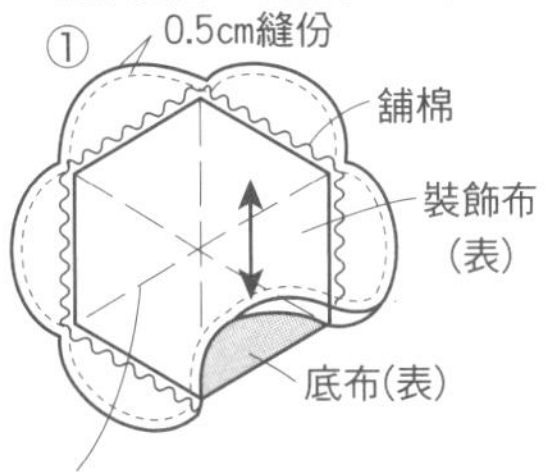

重疊裝飾布、鋪棉、底布，用疏縫線固定

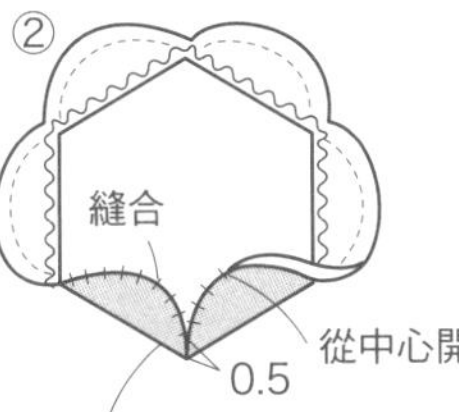

縫份摺0.5cm縫合，在角的0.5cm前縫2～3針固定

壓線

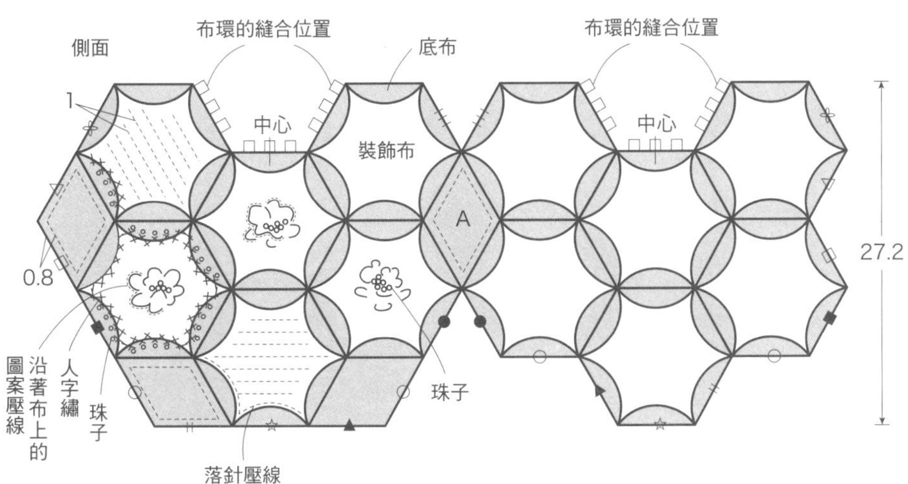

布環的製作方法

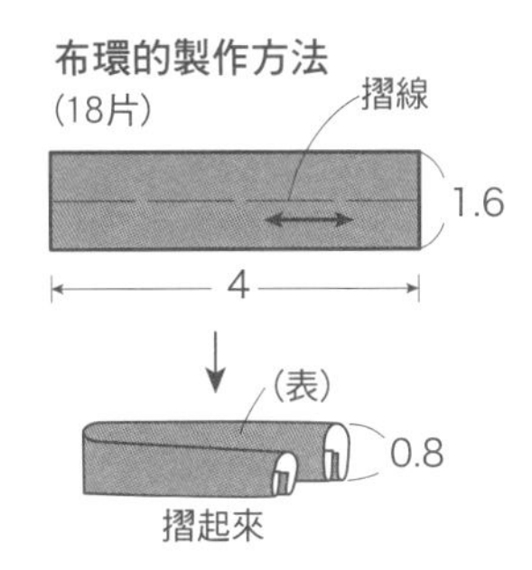

Yo-Yo拼布的製作方法

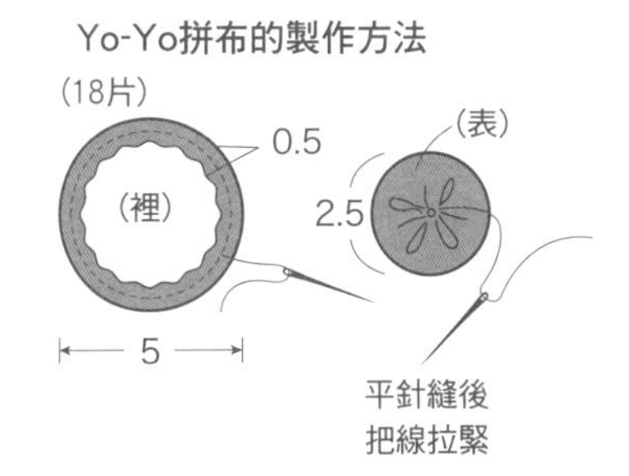

縫製方法

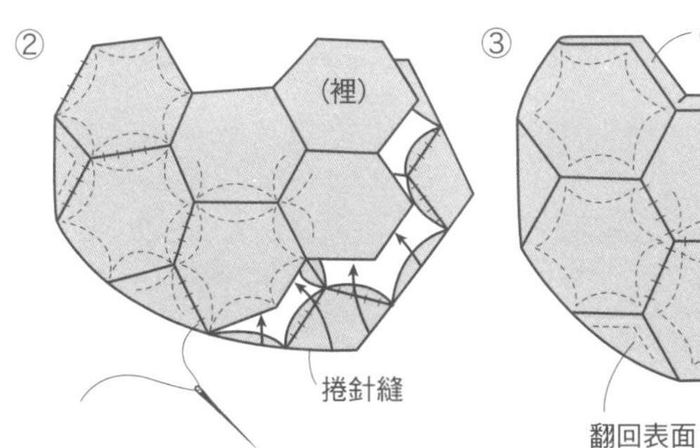

貼布繡提包

※附錄背面④

●尺寸及材料

貼布繡用的花朵印花布30×30cm　圓點印花緞布90×50cm(含貼邊的份量)　內袋用布、單面有膠鋪棉各90×40cm　內寬12.5cm的竹製提把1組　寬2.5cm的珠子流蘇45cm(自行製作時就用長0.5cm的竹形珠子63個、寬0.2cm方形珠子426個、寬2.5mm的圓形珠子129個)　雙面布襯、直徑0.6cm的亮片各適量

●製作方法

在貼布繡布上燙貼雙面布襯，再燙貼在底布上→燙貼鋪棉，縫上壓線，縫上亮片→在前片上疏縫珠子流蘇，與後片面對面對齊地縫成袋狀→內袋也一樣縫成袋狀，與主體面對面地對齊，縫紉肩部→翻回表面，車縫肩部→面對面地將貼邊擺在口部，縫合→將貼邊往內側反摺，包住提把縫合。

●製作要領

・壓線用縫紉機的自由曲線來縫，用透明線自由描繪花的紋路及葉的葉脈。
・亮片是邊壓線邊縫上，手縫的話也可以另外縫。

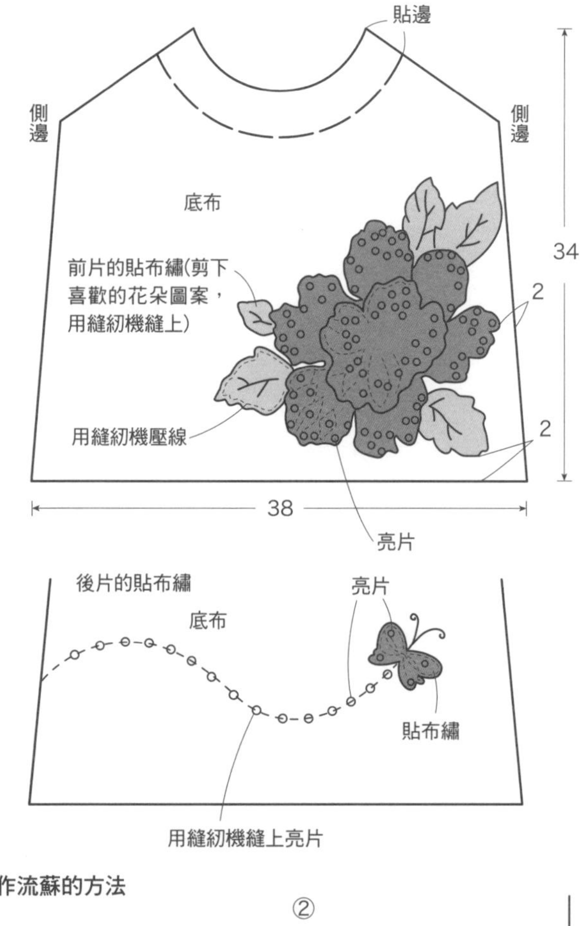

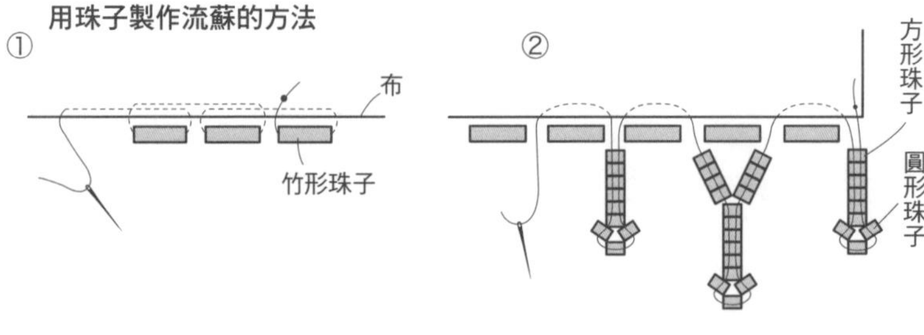

用珠子製作流蘇的方法

①　布　竹形珠子

②　方形珠子　圓形珠子

縫製方法

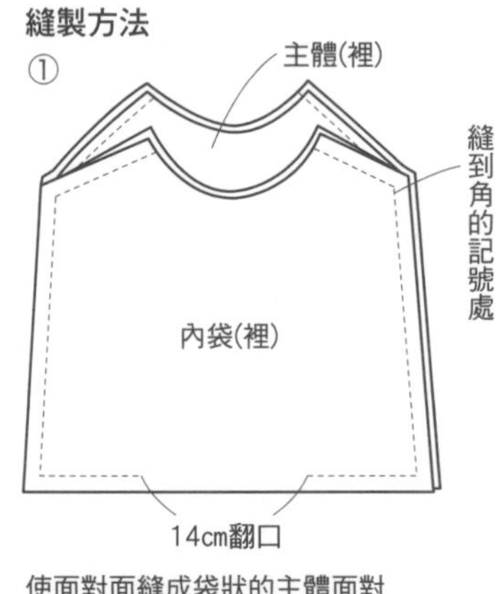

使面對面縫成袋狀的主體面對面地與內袋對齊，縫紉袋口的肩部

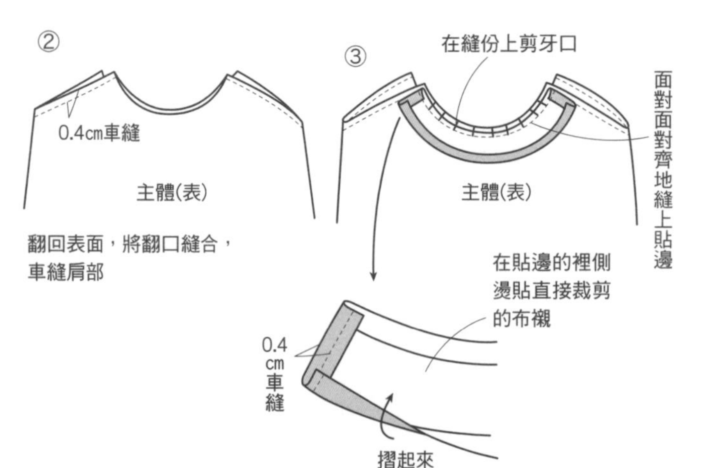

翻回表面，將翻口縫合，車縫肩部

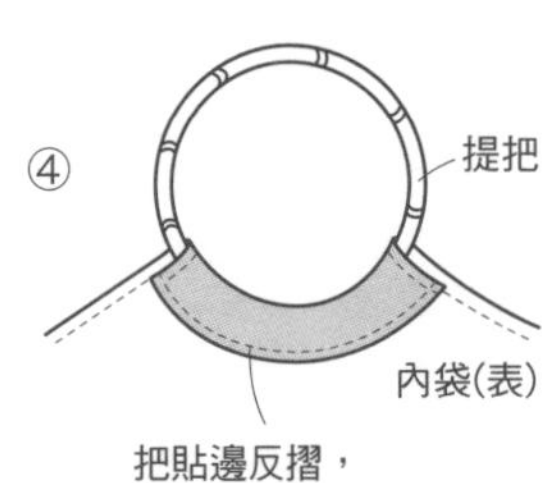

把貼邊反摺，從表面用縫紉機縫合

P.19……大理花圖案的手提包

※附錄背面⑤

●尺寸及材料

貼布繡用的花朵印花布、雙面布襯各適量
麻布、雙面有膠舖棉、裡布、薄布襯、內袋用布各70×25cm　寬1cm有縫線的皮帶45cm　寬1.8cm的環狀緣飾75cm　直徑1.4cm的磁釦1組

●製作方法

把圖案剪下來，用熨斗燙貼在底布上→將底布、舖棉、裡布重疊貼合→沿著距離主題圖案1mm的內側車縫→後片也依相同方式製作並縫上主題圖案→分別縫合褶子→在前片上疏縫緣飾，與後片面對面對齊地縫成袋狀→縫上手提把→製作內袋(燙貼布襯)，與主體面對面地對齊，縫紉口部→翻回表面，將翻口縫合，車縫口部→縫上磁釦。

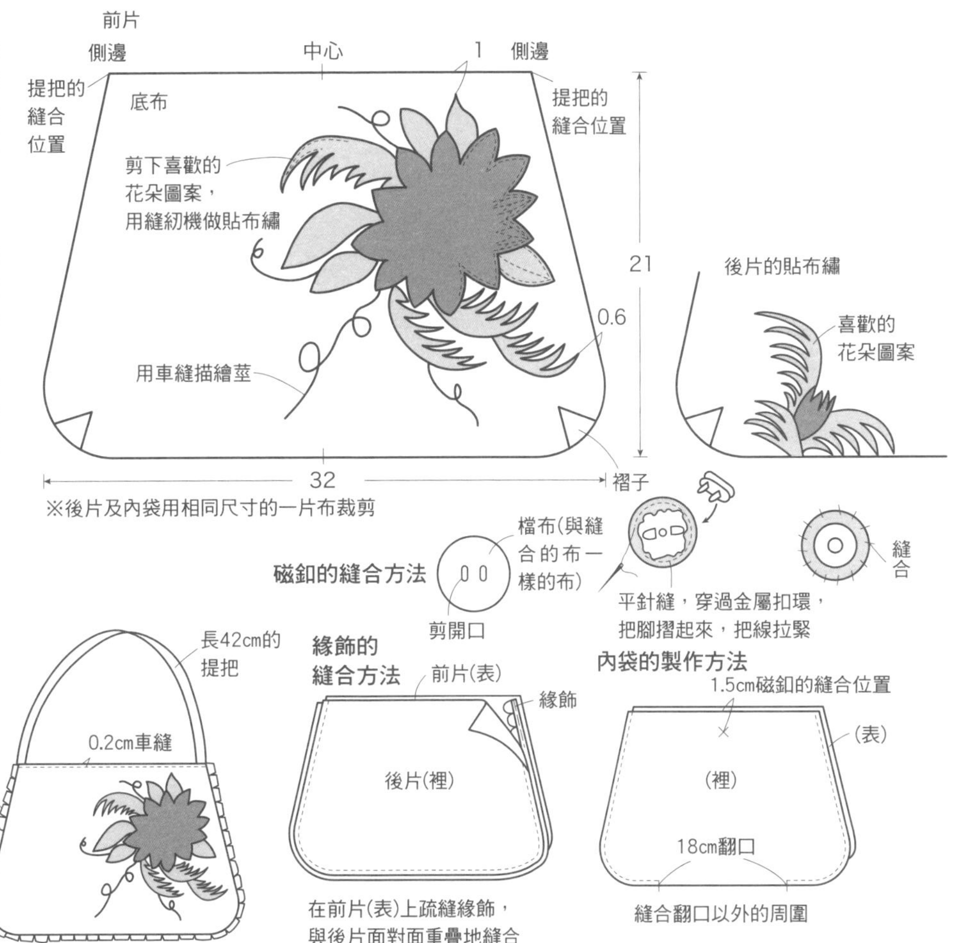

把印花布上的圖案剪下來做貼布繡的方法

在布的裡側燙貼雙面布襯
把喜歡的圖案剪下來

P.20……玫瑰提包

附錄正面①

●尺寸及材料（1件的份量）

貼布繡用的各種布片　底布用麻布、雙面有膠舖棉、裡布、內袋用布各65×40cm　寬1cm的皮帶100cm　25號紅色刺繡線適量

●製作方法

在底布上做貼布繡，完成表層布的製作→與貼了舖棉的裡布貼合，縫上壓線→在後片的表層布上刺繡，縫上壓線→將前、後片面對面地縫成袋狀→製作內袋，與主體面對面地對齊，縫紉口部，翻回表面(此時夾入提把一併縫合)。

●製作要領

・後片用6條線的輪廓繡縫出前片貼布繡的圖案。

・在貼布繡圖案的邊緣縫落針壓線。

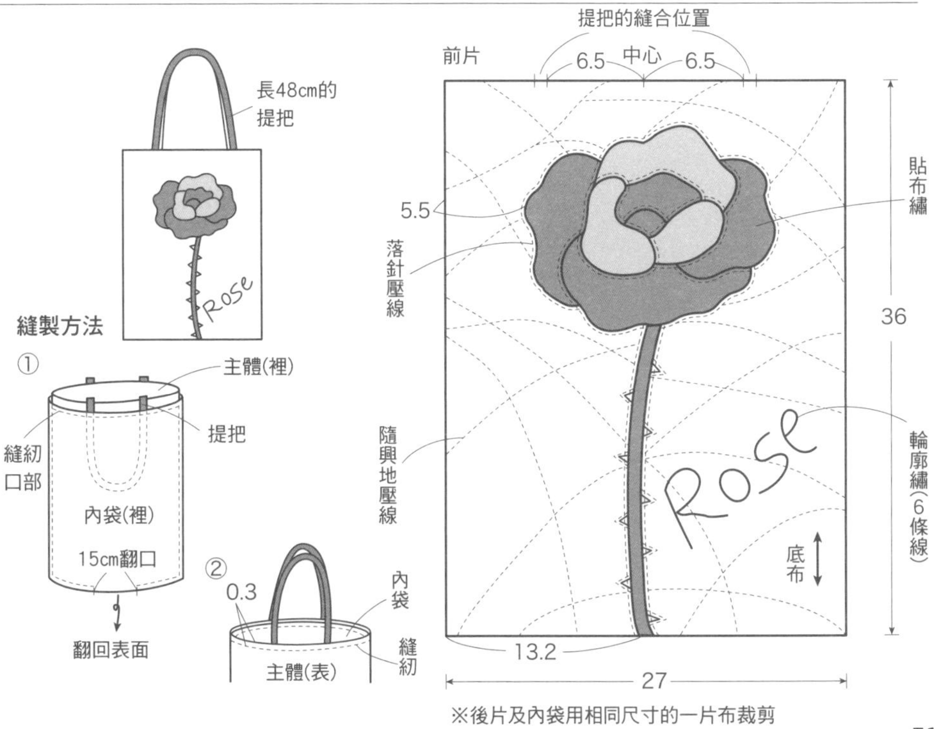

P.23………花卉提包2款

※附錄正面⑬(玫瑰)、背面⑦(櫻花)

●尺寸及材料

玫瑰 綠色縐綢、綸子各30×55cm 駝色絲絨40×30cm 各種貼布繡、花用縐綢 單面有膠舖棉、裡布、內袋用布各80×35cm 內寬17.5cm的竹製提把1組 直徑0.2cm的圓形珠子、手工藝棉適量

櫻花 綸子30×30cm 縐綢30×50cm 花飾用縐綢適量 單面有膠舖棉、裡布、內袋用布各60×30cm 寬2.5cm的天鵝絨緞帶、直徑0.7cm的繩子各45cm 直徑0.2cm的角珠、長0.6cm的竹形珠子各25個 直徑0.7cm的鈕釦5個 刺繡線適量

●製作方法

玫瑰 拼縫A～C，縫上D及莖、葉的貼布繡，完成2片表層布→重疊貼了舖棉的裡布，縫上壓線→縫紉褶子→分別使2片側面、2片內袋面對面地對齊，再將兩者重疊縫合至止縫位置→翻回表面，縫上提把，縫上內袋→製作並縫上花。

櫻花 拼縫前片的表層布→重疊貼了舖棉的裡布，縫上壓線→後片也一樣縫上壓線，與前片面對面對齊地縫成袋狀→縫紉側身→內袋也依相同方法縫紉，縫上磁釦→將主體與內袋以騎馬縫縫合，翻回表面→縫上提把，縫上內袋→縫上花飾。

●製作要領

- 用絹絲線壓線就會和縐綢較有融合感。櫻花提包的壓線可以沿著布的圖案縫或隨興地縫。
- 要縮縫玫瑰花時，放入圓形的厚紙板(大的直徑2.2cm，小的直徑1.8cm)會比較容易整理形狀。
- 櫻花提包的花飾是先刺繡再裁剪成花朵的形狀，邊在中心抓出皺褶邊用珠子和鈕釦縫在主體上。

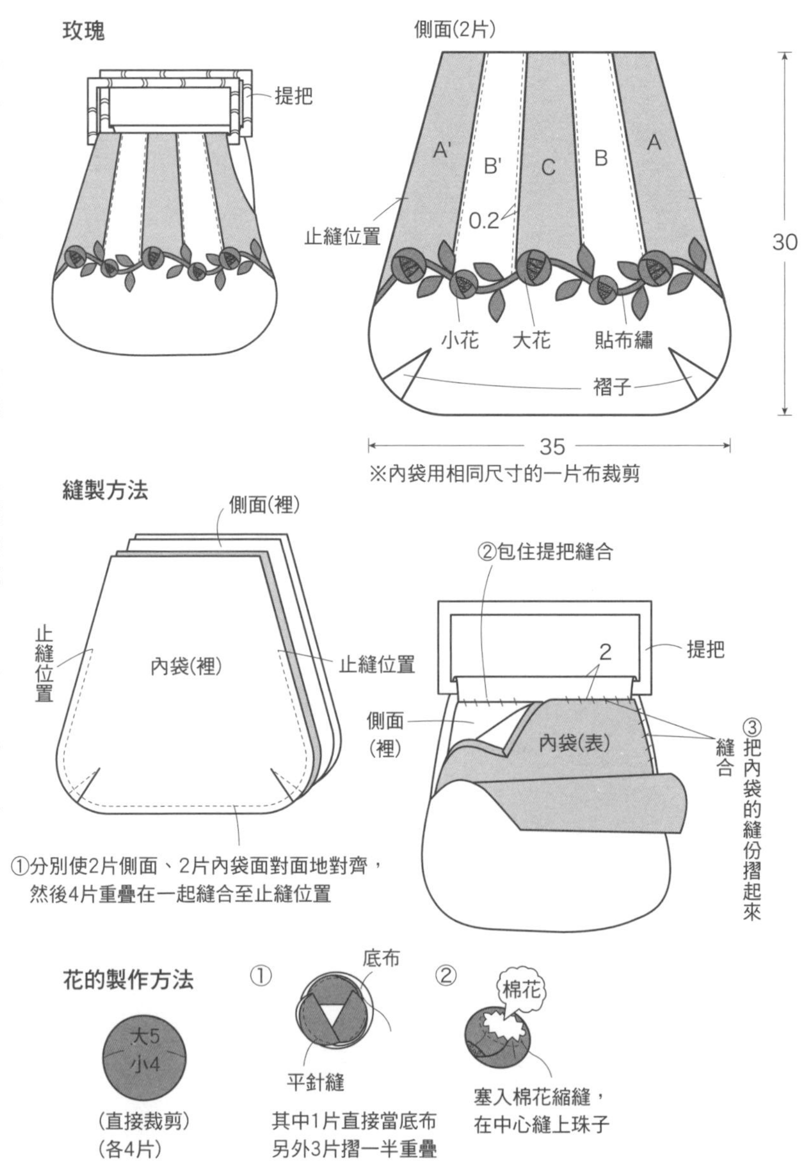

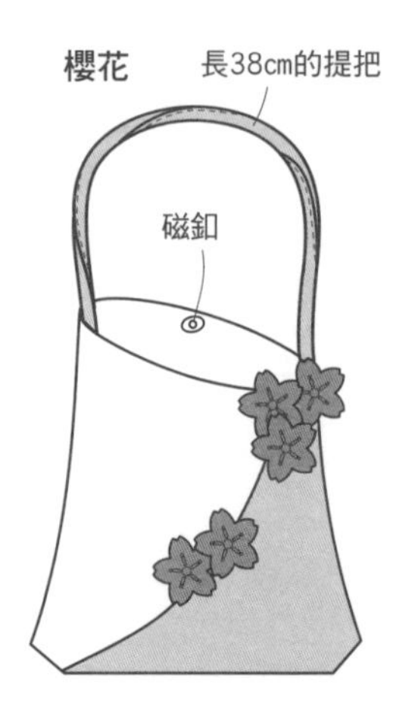

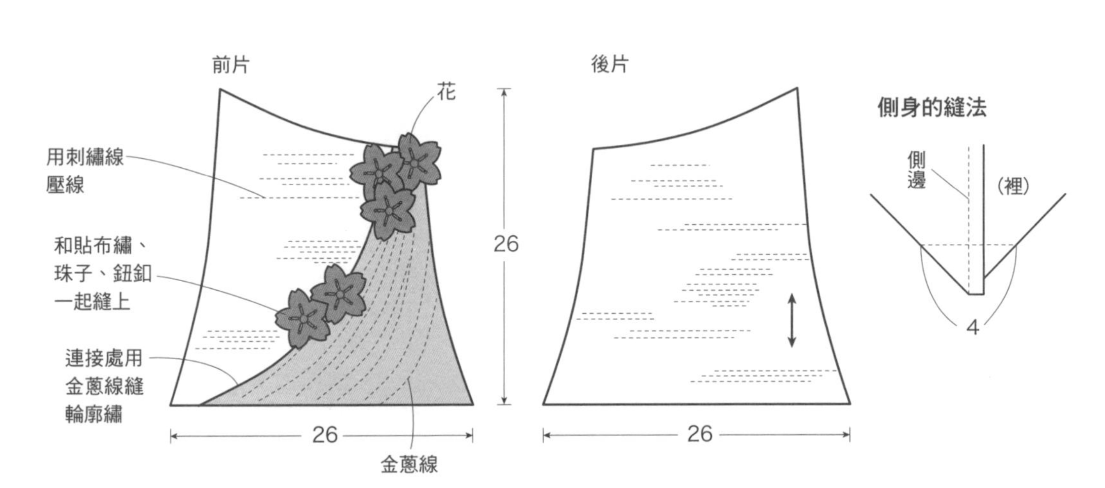

手提包2款

●尺寸及材料（1件的份量）

拼縫用的各種布片（大島紬、縞等） A用布35×55cm
鋪棉、裡布各80×40cm

●製作方法

拼縫B～E（或F～I），再連接A，完成2片側面的表層布→重疊鋪棉、裡布後縫合→翻回表面，將翻口縫合，縫上壓線→使2片面對面地對齊，以捲針縫縫合→從中心面對面地摺起來，以捲針縫縫合側邊和底。

●製作要領

・製作2片側面，左右兩側以前後相反的配置用捲針縫縫合。

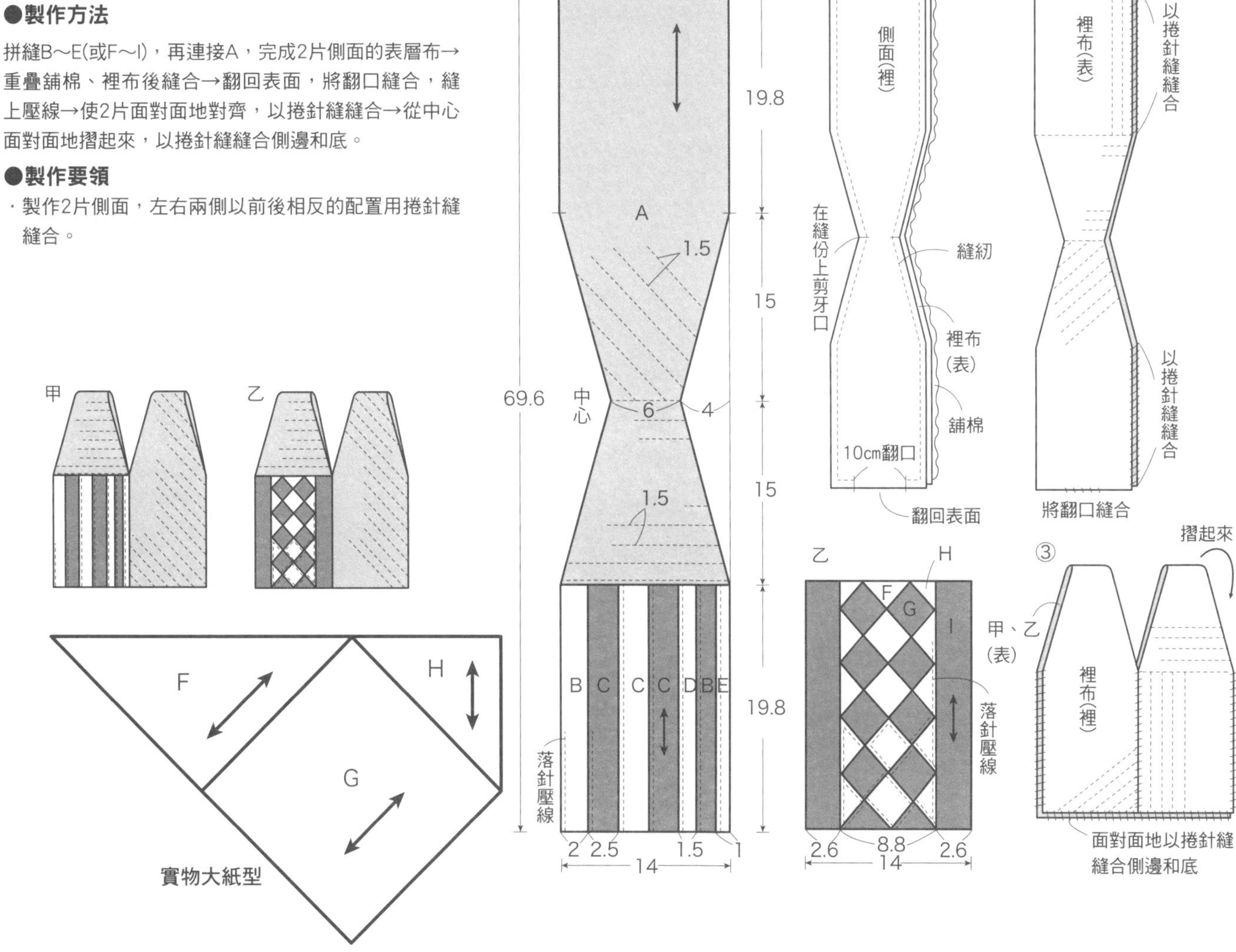

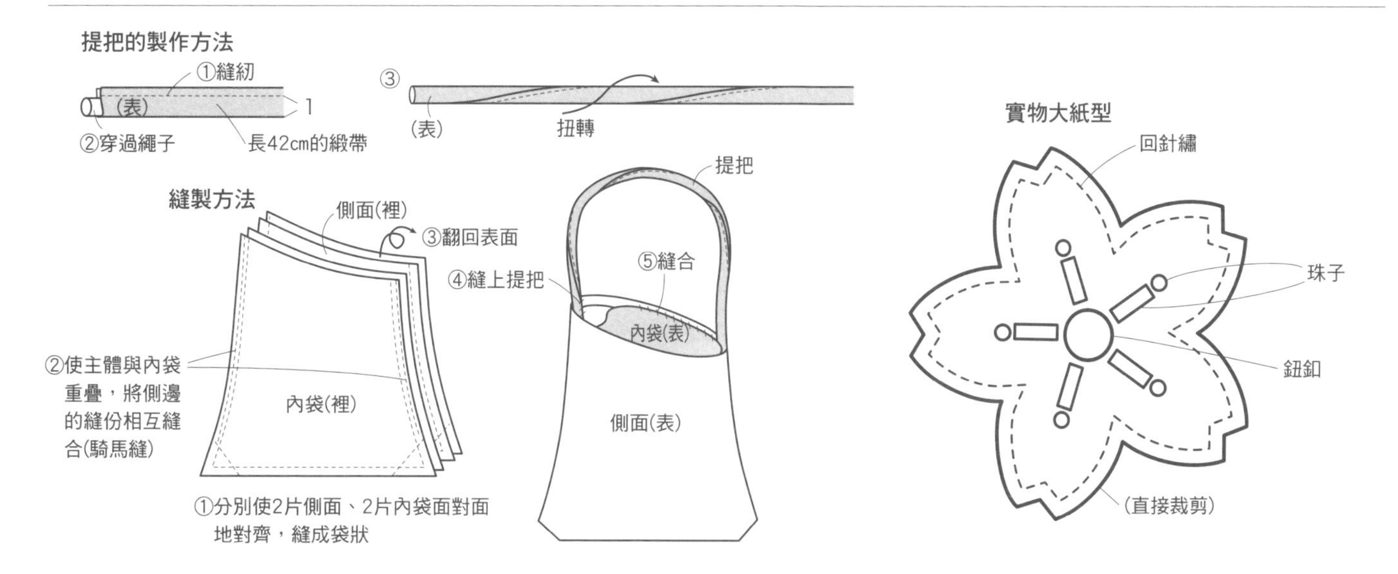

P.24………泡芙斜背包

●尺寸及材料

紅紫色銘仙30×120cm　內袋用布30×60cm(含口布裡布的份量)　底布55×35cm　鋪棉45×25cm　背帶用綁帶1條　長20cm寬1.5cm的附環夾式口金1個　直徑0.5cm的珠子32個

●製作方法

製作泡芙，連接成8x4列→重疊鋪棉後縫上壓線→縫上珠子→從底中心面對面地摺起來，縫紉側邊→把內袋縫成袋狀，與主體重疊，以騎馬縫的方式縫合→製作口布，重疊縫合於主體上→將口金穿過口布→將背帶穿過環後打結，縫合於側邊。

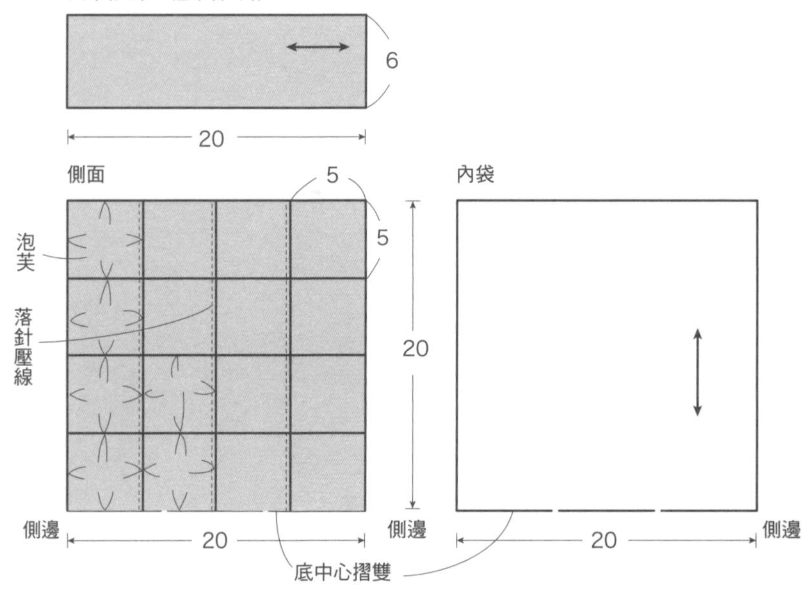

泡芙的製作方法

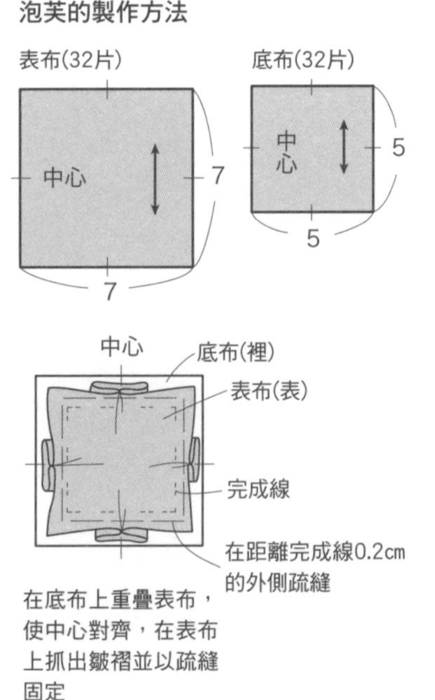

在底布上重疊表布，使中心對齊，在表布上抓出皺褶並以疏縫固定

口布的製作方法及縫合方法

使表布與裡布面對面地對齊，縫紉側邊

翻回表面

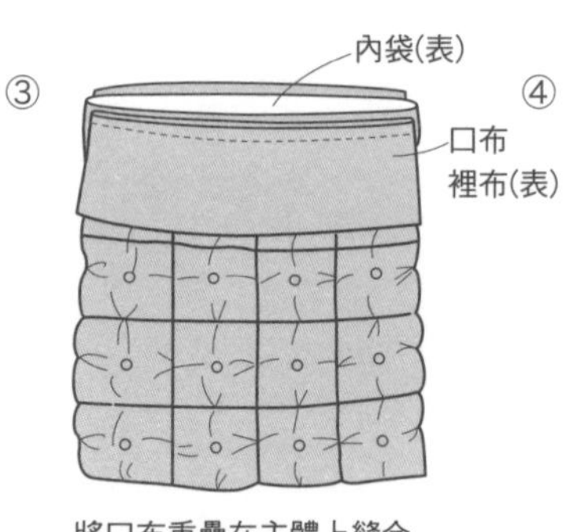

將口布重疊在主體上縫合

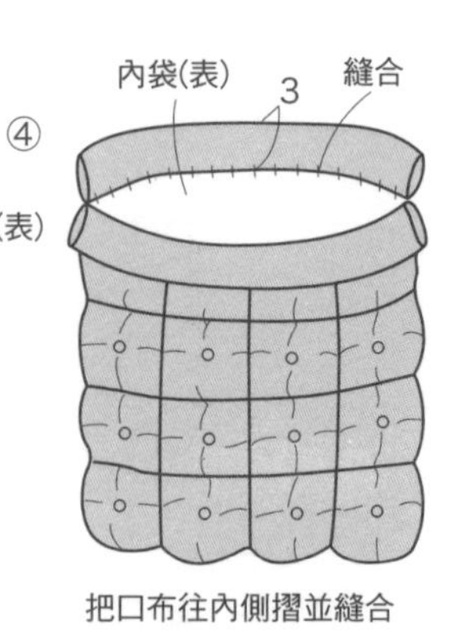

把口布往內側摺並縫合

騎馬縫的方法

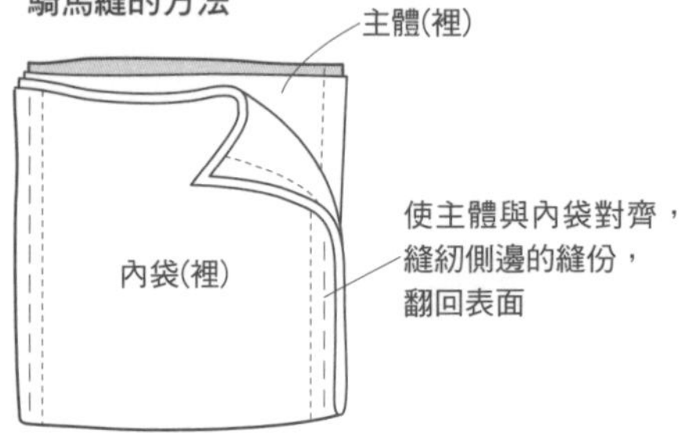

使主體與內袋對齊，縫紉側邊的縫份，翻回表面

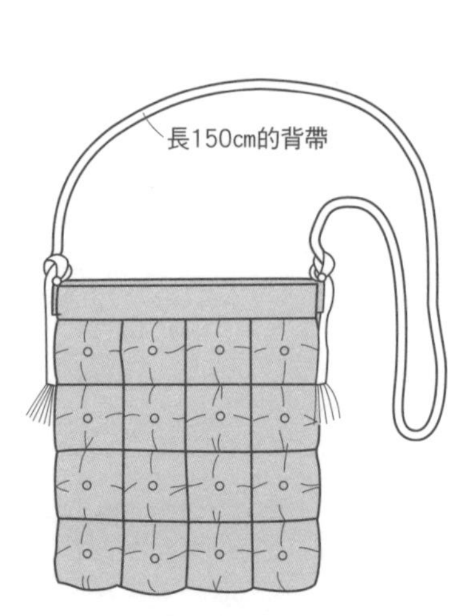

珠子的縫合方法

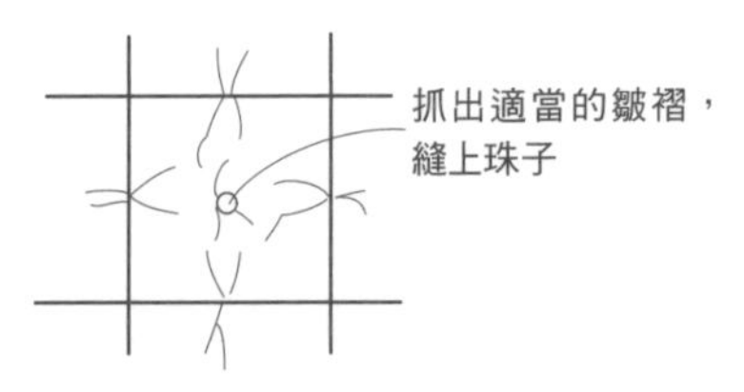

抓出適當的皺褶，縫上珠子

背帶的縫合方法

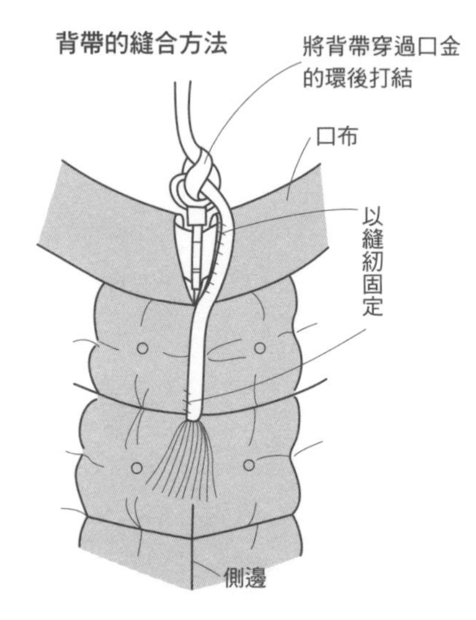

P.25………三角泡芙提包

●尺寸及材料

拼縫用的各種布片(縐綢等) 荷葉邊用的山東綢30×150cm(含包繩的份量) 內袋用布、布襯各90×30cm 繩飾用布5×30cm 直徑0.3cm的繩子80cm 寬1.7cm的管狀緞帶70cm 直徑1cm長50cm的繞繩提把1組 直徑1.5cm的磁釦1組 鋪棉適量

●製作方法

製作96個泡芙，拼縫成2片表布→背面燙貼布襯，將2片面對面對齊地縫成袋狀(此時夾入包繩一併縫合)→把提把和荷葉邊疏縫在袋口處→製作內袋，置入主體中縫合。

●製作要領

・泡芙在中心或稍微偏離中心的位置抓縐。
・在距離內袋口部中心2cm的下方縫上磁釦。

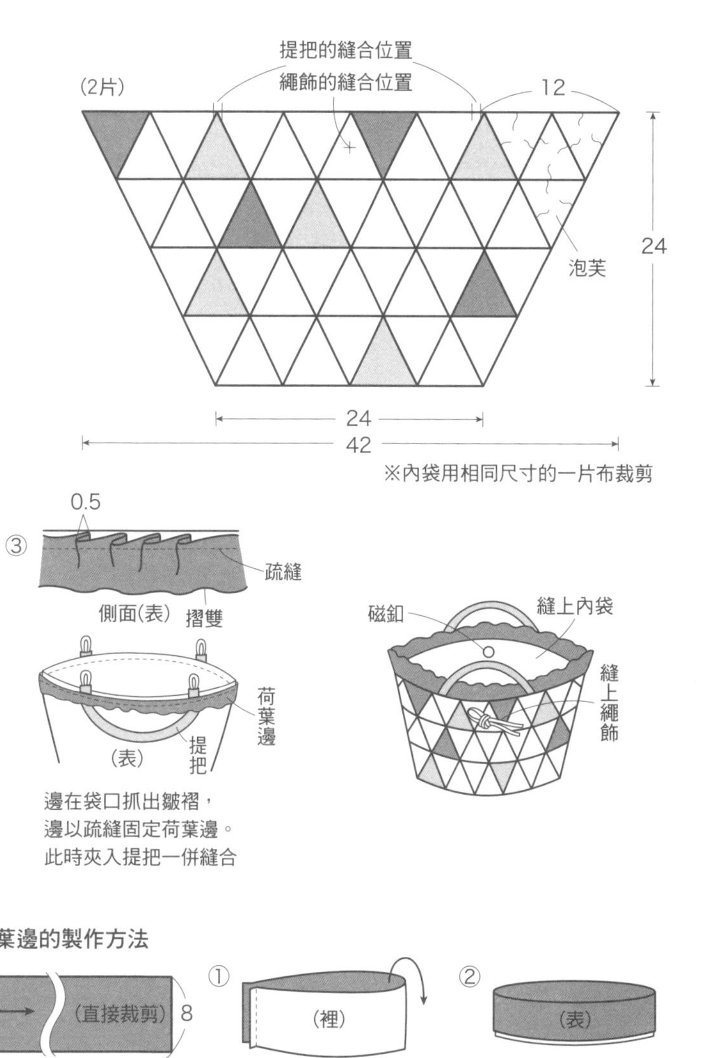

縫製方法

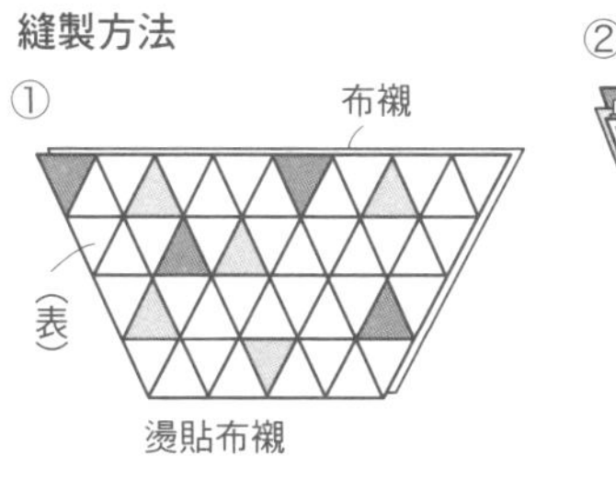

泡芙的製作方法

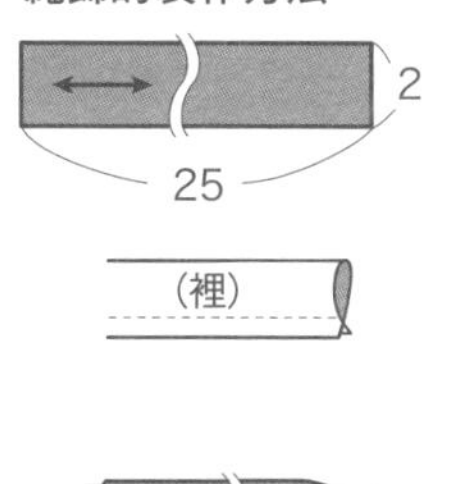

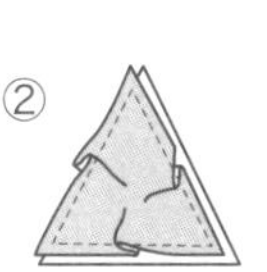

荷葉邊的製作方法

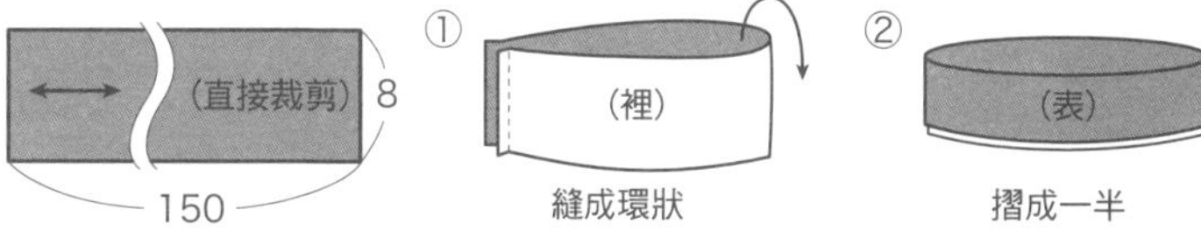

繩飾的製作方法

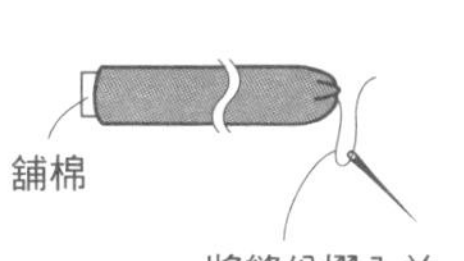

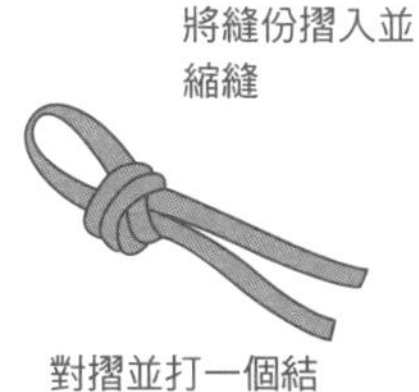

提把的製作方法

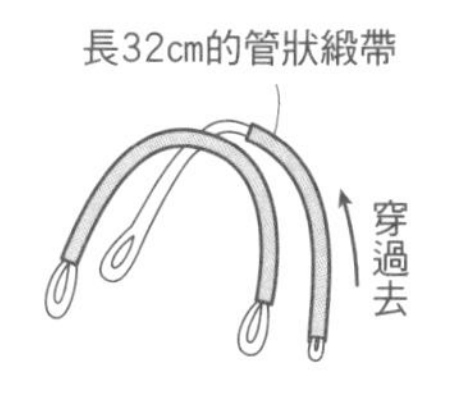

包繩的製作方法

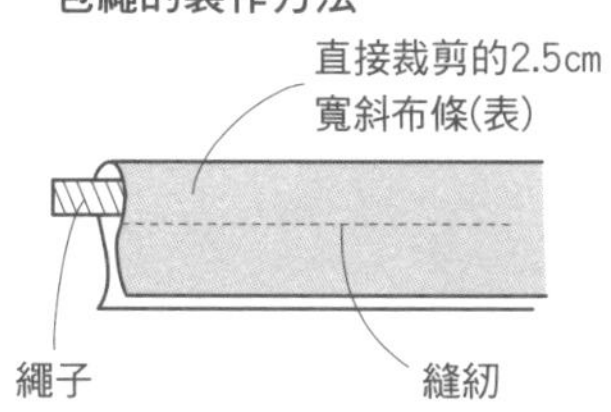

實物大紙型

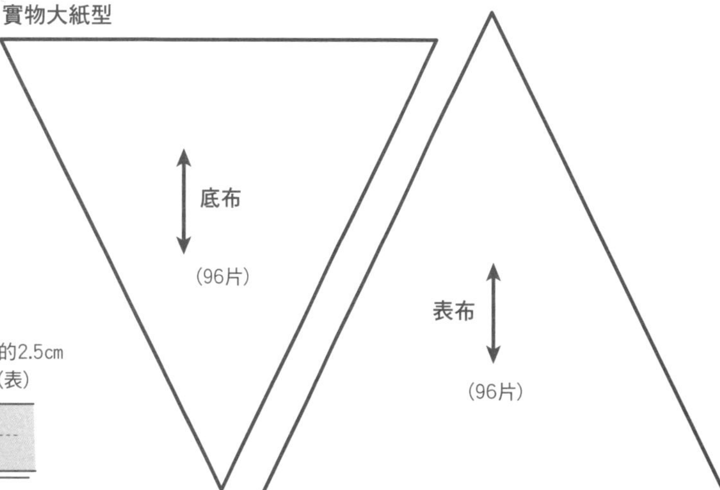

P.34……托特包

●尺寸及材料

芥末色綈綢30×80cm　紫色綈綢30×60cm　B、C用布25×35cm　內袋用布80×35cm　包釦用綈綢適量　舖棉85×35cm　寬3cm長37cm的平織帶製提把1組　直徑3cm的塑膠包釦12個

●製作方法

在A上做貼布繡，連接B、C，完成表層布的製作→重疊舖棉後縫上壓線→製作並縫上包釦→將2片面對面對齊地縫成袋狀→縫紉側身→將提把疏縫於袋口→縫紉內袋，與主體面對面地對齊，縫紉袋口→翻回表面，在袋口縫星止縫。

●製作要領

・內袋在底部留下翻口縫成袋狀。

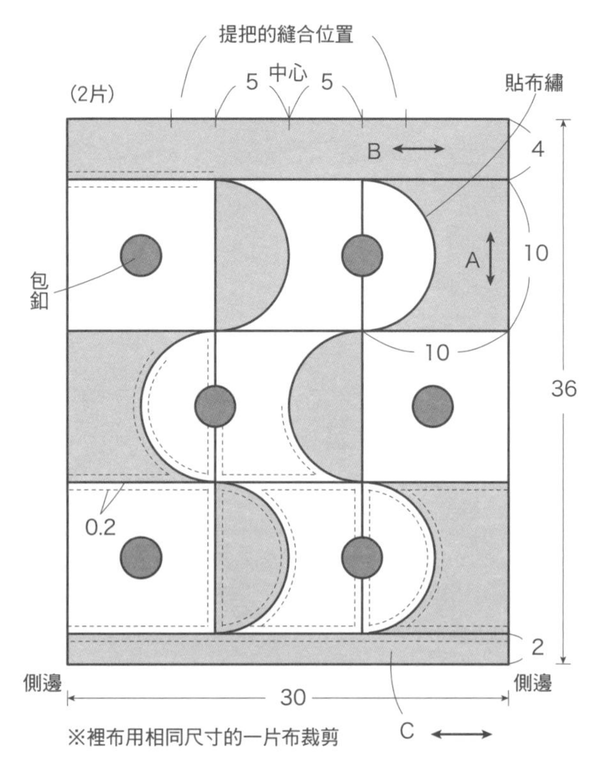

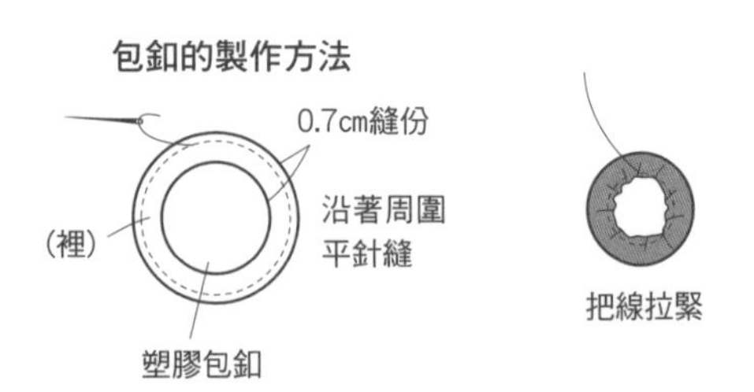

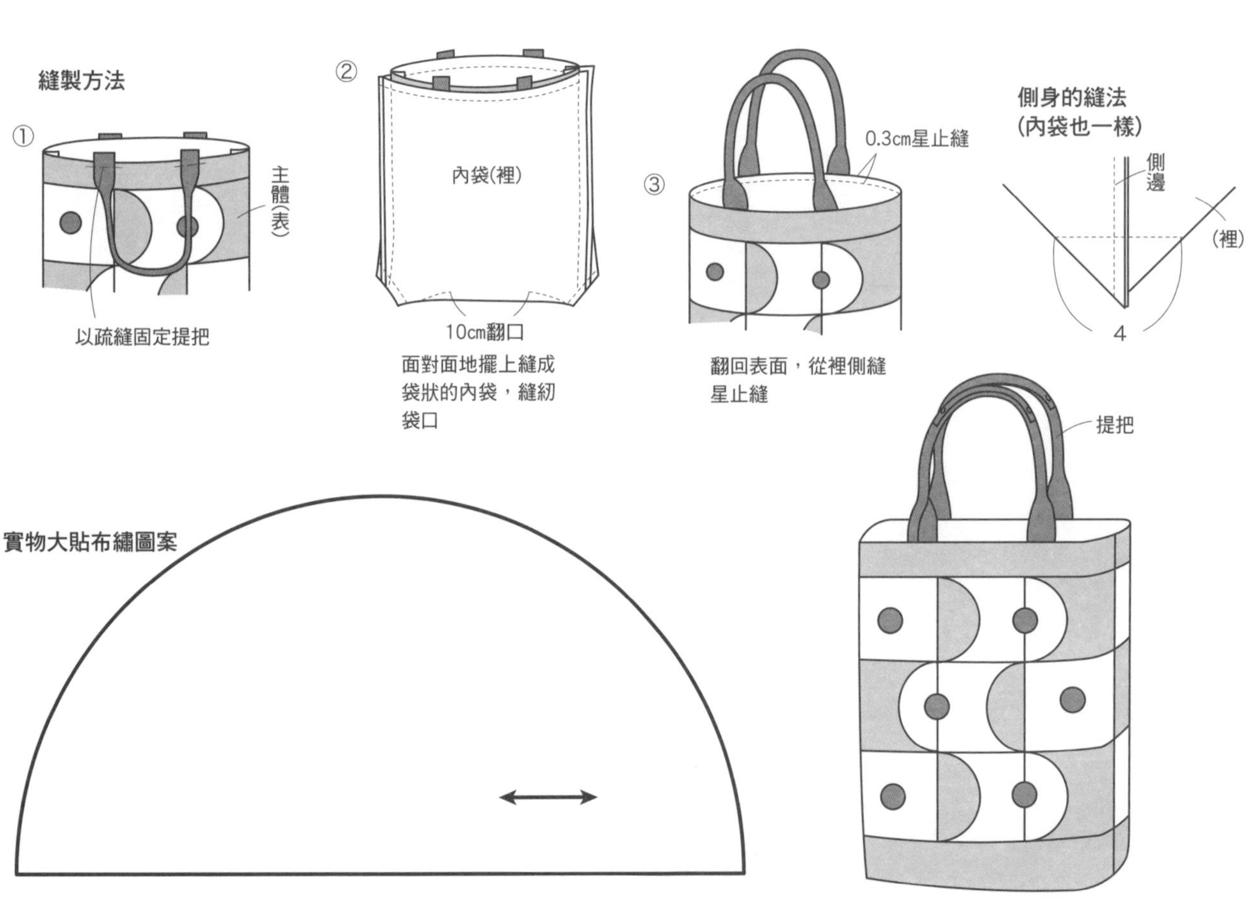

P.28.........用帶地縫製的手提包

●尺寸及材料 ※( )為小的尺寸

拼縫用的各種帶地(含布環、包釦的份量) 黑色絲質山東綢、鋪棉各40×55cm(35×45cm) 內袋、蓋子裡布用布90×40cm(70×35cm) 直徑1.8cm的磁釦2組 直徑1.8cm的附爪包釦2個 寬2cm長40cm的皮革提把1條 布襯適量

●製作方法

在側面上重疊鋪棉，用縫紉機壓線→縫紉細褶裝飾車縫→從底中心面對面地摺起來，縫紉側邊和側身→將布片拼縫成蓋子的表層布，背面燙貼布襯→縫上提把→把蓋子的表層布及裡布的縫份摺起來，背對背地對齊，車縫周圍→將內袋置入側面中，分別將口部的縫份摺起來，車縫→把蓋子放到主體上，用縫紉機縫合。

●製作要領

・磁釦在縫合裡布及內袋之前就縫上。

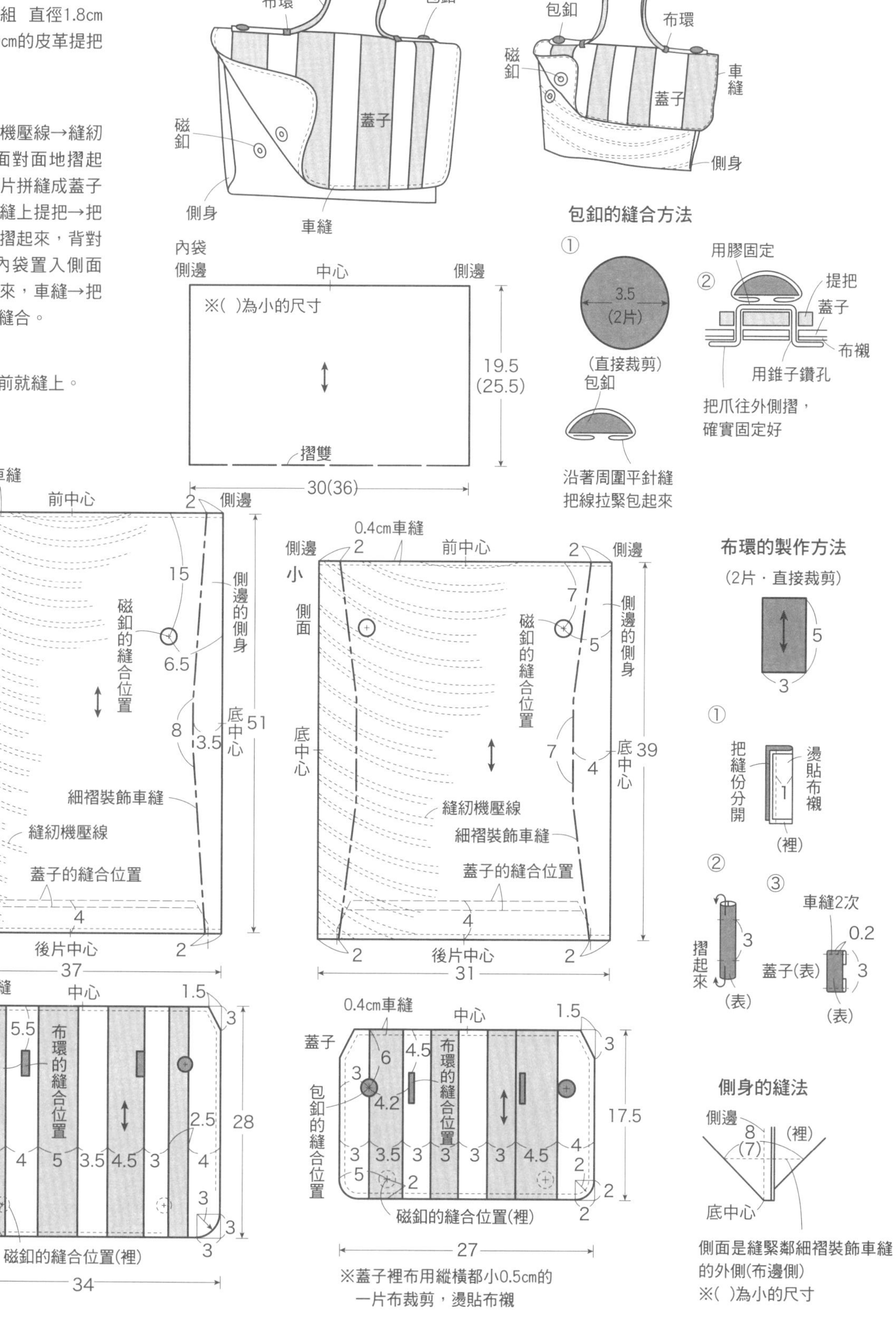

P.35……用絣料縫製的拼布包

●尺寸及材料

拼縫用的各種布片(藍色素布、絣、縞) 藍色素布30×75cm(含包邊、提把縫合布的份量) 單面有膠鋪棉、裡布、內袋用布各100×50cm 鋪棉35×5cm 內寬10cm的竹製提把1組

●製作方法

將A、B拼縫成表層布→在表層布的裡側燙貼鋪棉，重疊裡布後縫上壓線→從底中心面對面地摺起來，縫紉側邊及側身→製作內袋並置入主體中，將袋口包邊→製作提把縫合布，包住提把縫在主體上。

●製作要領

・袋口的包邊要夾入寬1.5cm的鋪棉，做成蓬蓬的感覺。

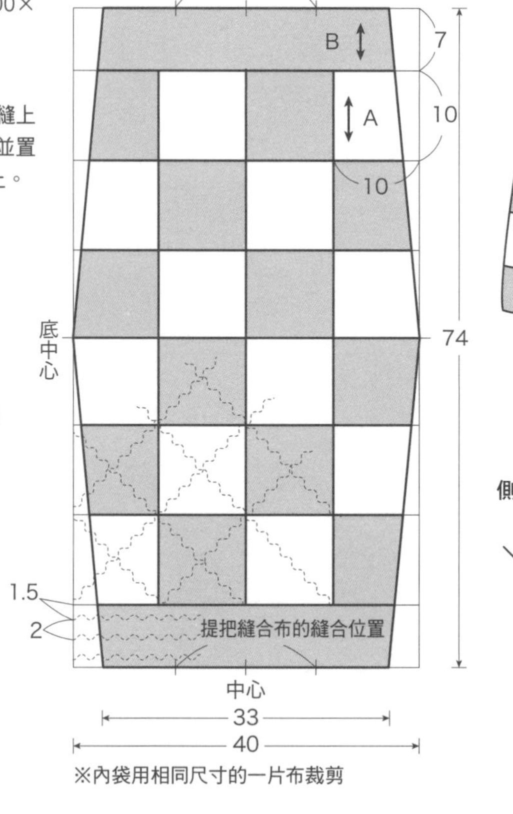

※內袋用相同尺寸的一片布裁剪

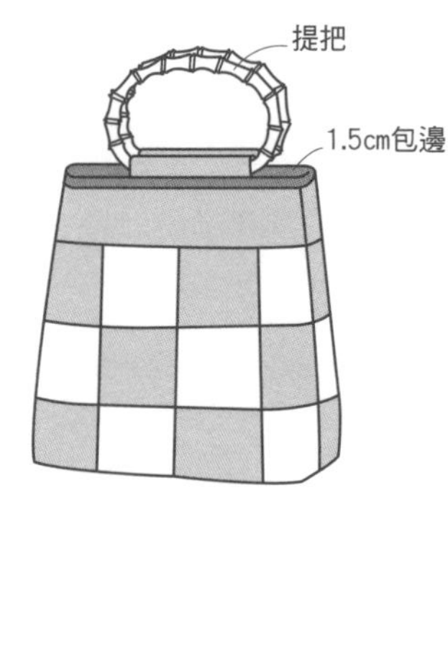

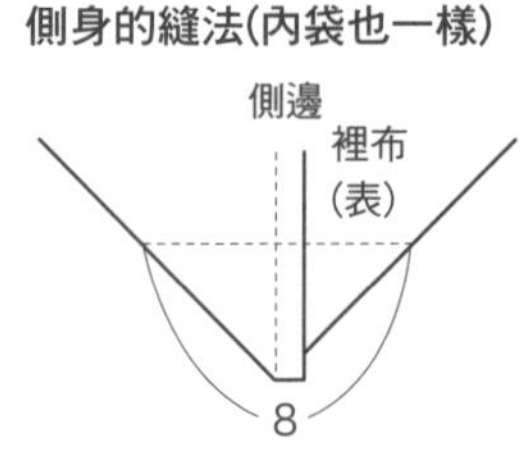

提把縫合布的製作方法

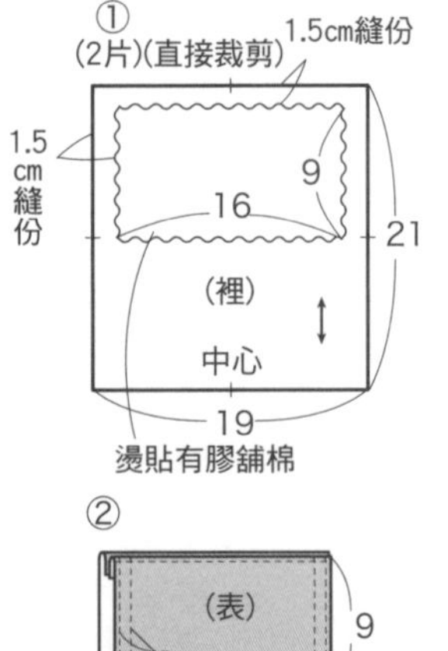

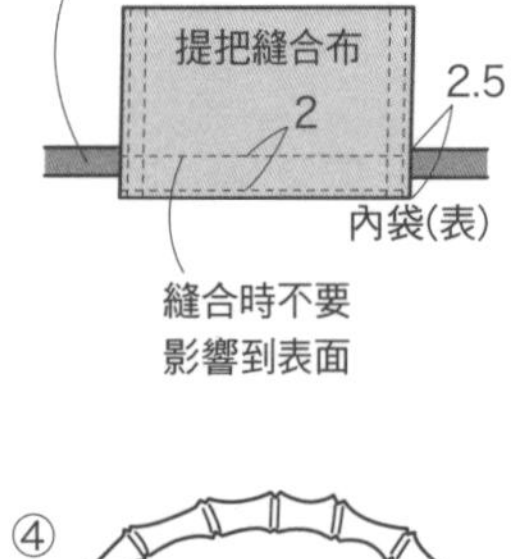

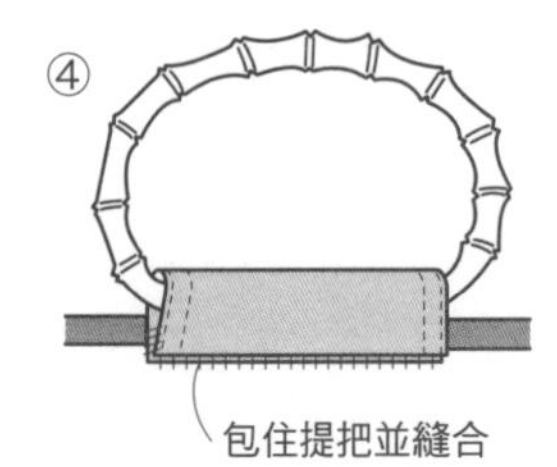

P.31……銘仙花卉提包

※附錄正面④

●尺寸及材料

A用的各種布片(黑色木紋布、綿綢等的和布)
B用紬布31×70cm(含貼邊的份量) 內袋用布65×25cm 提把用布50×40cm 單面有膠鋪棉70×40cm 直徑1cm的手把棉心100cm 直徑1.5cm的磁釦1組 雙面布襯適量

●製作方法

A部分自由拼縫，燙貼直接裁剪的主題圖案→與B連接，完成表層布的製作→在裡側燙貼鋪棉，縫上壓線→從底中心面對面地摺起來，縫紉側邊→製作提把，疏縫於袋口→在內袋上縫磁釦，留下翻口縫成袋狀→使主體與內袋面對面地對齊，縫紉口部，翻回表面→在袋口縫星止縫(請參照第105頁)。

●製作要領

・在主題圖案的裡側燙貼雙面布襯，然後用熨斗燙貼在A部分。

・壓線用縫紉機的自由曲線來縫製。

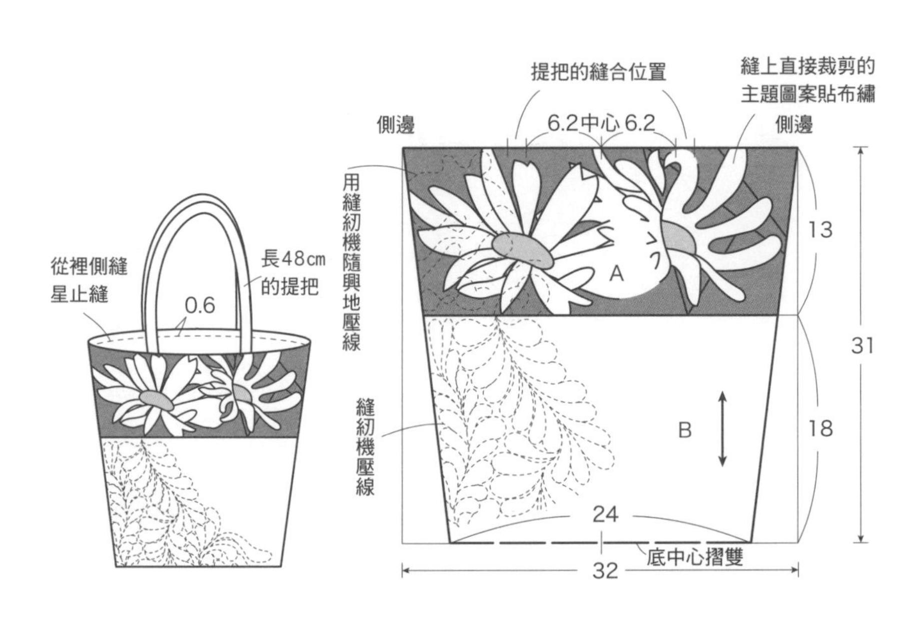

和服包

※附錄正面⑩

●尺寸及材料

B用黑色綌綢40×25cm C用朱色綌綢25×25cm A用紅色絹布20×20cm 側身、口布用黑色繻子30×35cm 鋪棉、裡布、內袋用布(含布環的份量)各55×45cm 長30cm的拉鍊1條 內寬18cm的塑膠製提把1組 直徑2.8cm的繩編裝飾球1個

●製作方法

將A～C拼縫成表層布→重疊鋪棉、裡布後縫上壓線→側身也一樣縫上壓線→將側面與側身面對面對齊地縫合→在口布上裝拉鍊→製作布環，穿過提把後疏縫在主體上，縫上口布→將主體與內袋面對面地縫合，翻回表面，將翻口縫合→在袋口縫星止縫(請參照第105頁)→在拉鍊上綁裝飾球。

●製作要領

・內袋的側身用相同尺寸的一片布裁剪，側面則裁剪2片19×38cm的布。
・縫合側身與側面時，側面要縮縫。

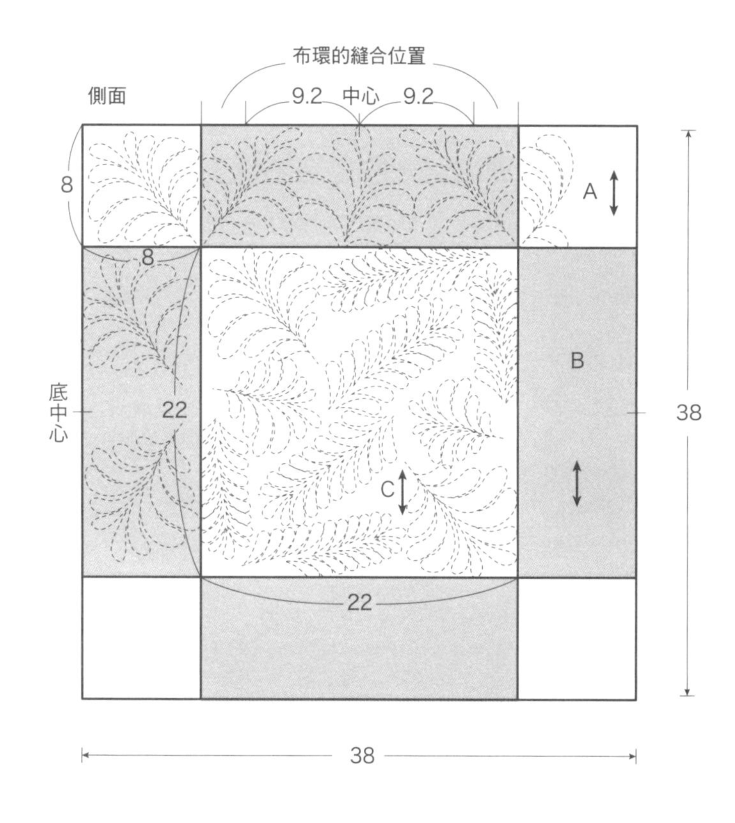

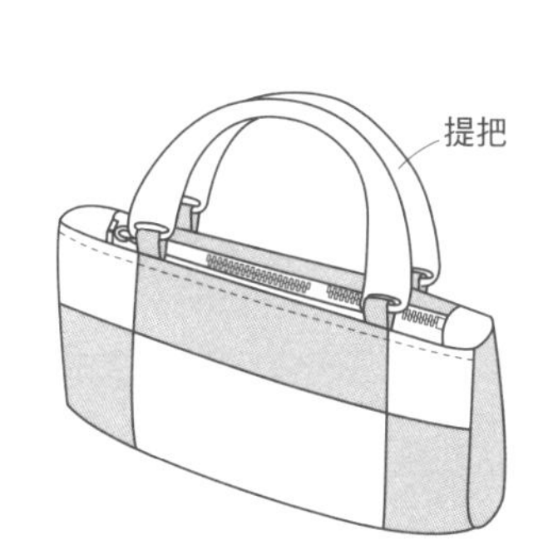

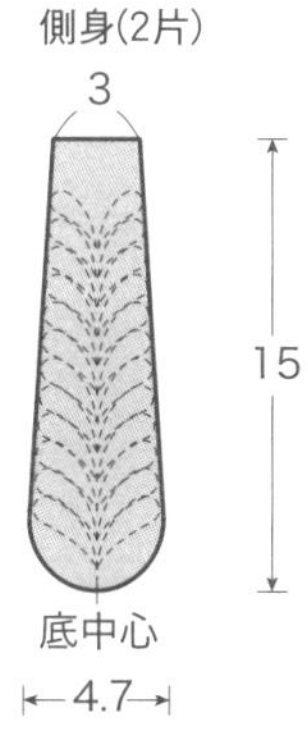

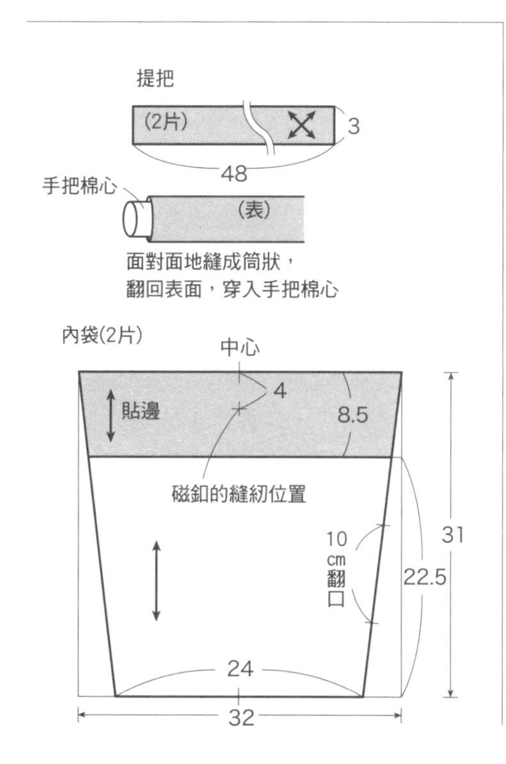

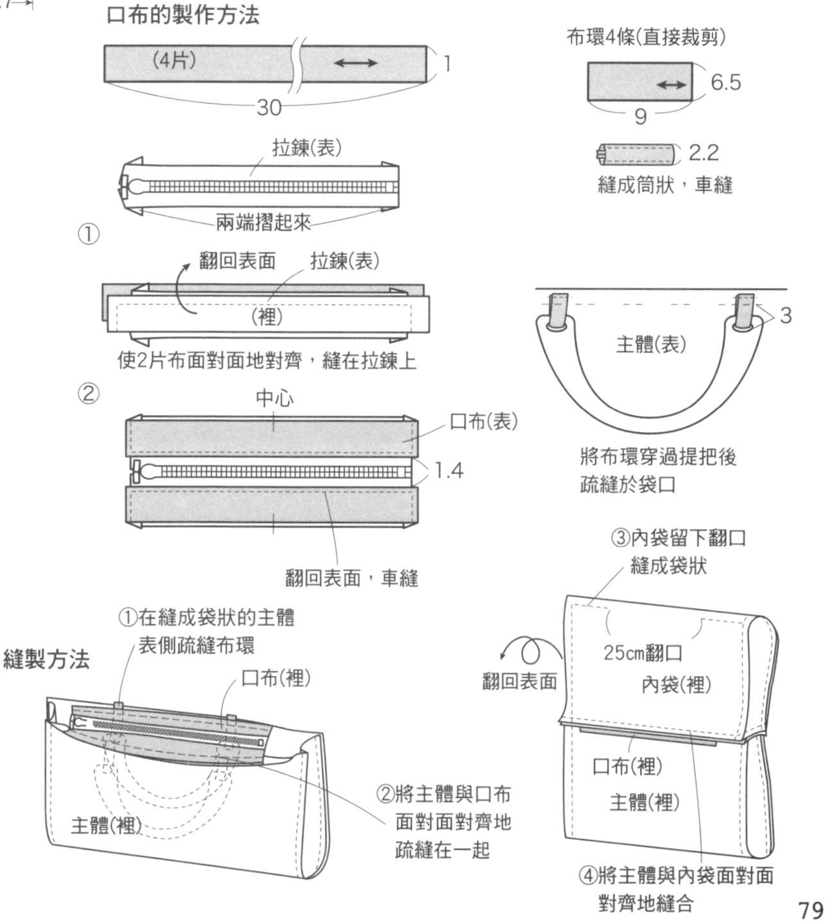

P.32……大島紬的斜背包、小錢包、零錢包

●**尺寸及材料**

斜背包　拼縫用的大島紬　背帶用布20×120cm(含上側身、修飾裡布、布環、包繩、包邊的份量)　鋪棉、裡布各45×45cm　直徑0.3cm的繩子120cm　長20cm的拉鍊1條　長4.5cm的蛋形環2個　直徑1.5cm的陶製珠子1個

小錢包　拼縫用的各種大島紬　包邊用布35×35cm(含布環、包繩的份量)　鋪棉、裡布各40×15cm　直徑0.3cm的繩子35cm　長11cm的拉鍊、長22cm的皮製提把各1條　直徑1cm的陶製珠子1個

零錢包　拼縫用的各種布片　市售零錢包

●**製作方法**

斜背包　拼縫前、後片及口袋完成表層布→重疊鋪棉、裡布後縫上壓線→把口袋疏縫在後片上→把上側身對摺，縫上拉鍊→在上側身疏縫布環，與下側身面對面地縫成環狀→在前、後片上疏縫包繩，與側身面對面對齊地縫合→製作背帶，兩端綁上蛋形環。

小錢包　拼縫A～D′，完成2片側面的表層布→重疊鋪棉、裡布後縫上壓線→把包繩和布環疏縫在側面上，面對面將2片縫成袋狀→將袋口包邊，裝上拉鍊→縫上提把。

零錢包　拼縫A，用膠貼在零錢包上。

●**製作要領**

・拉鍊飾物是將4條5號刺繡線穿過拉頭的環，然後串上珠子再打結做成的。

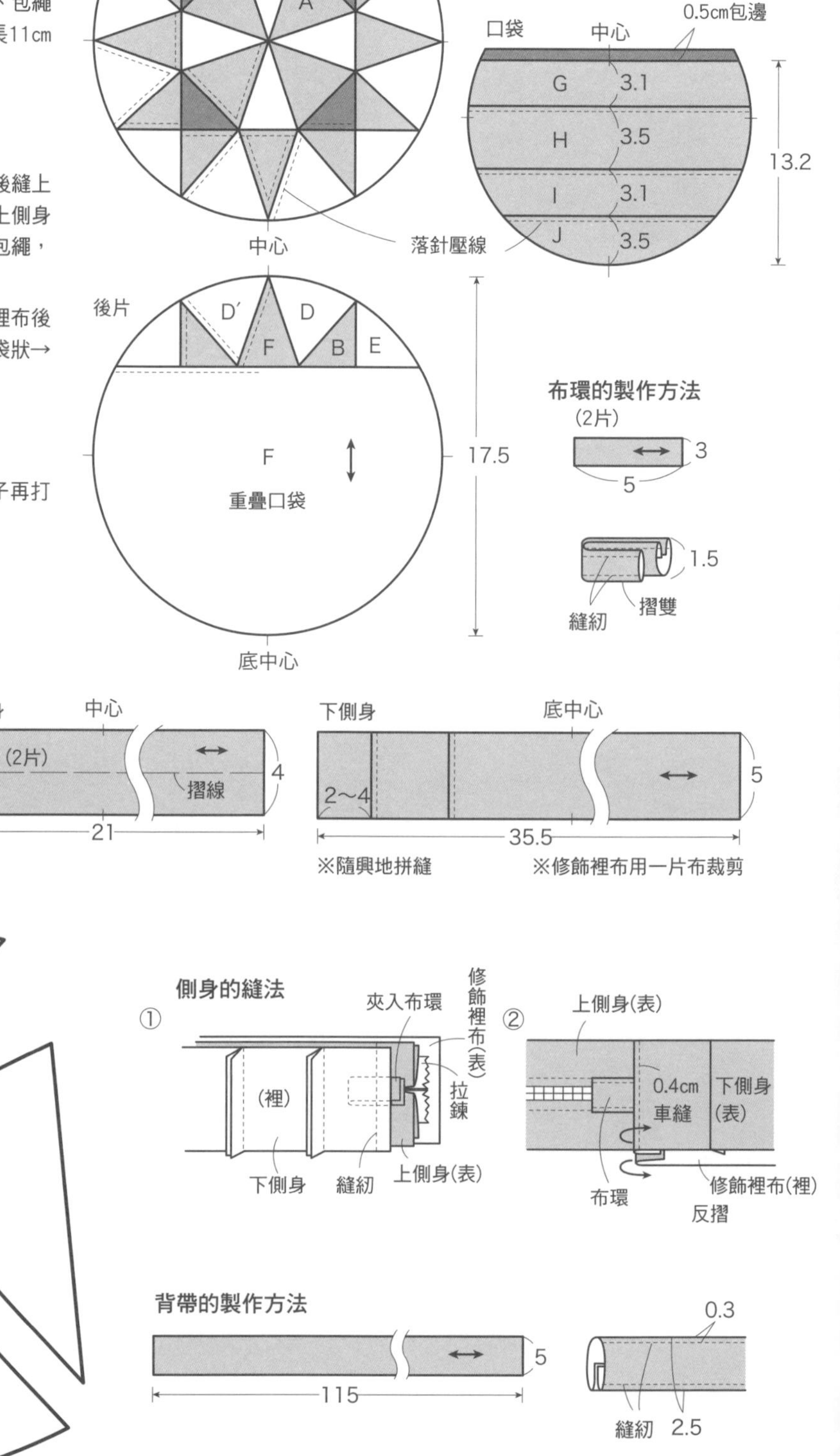

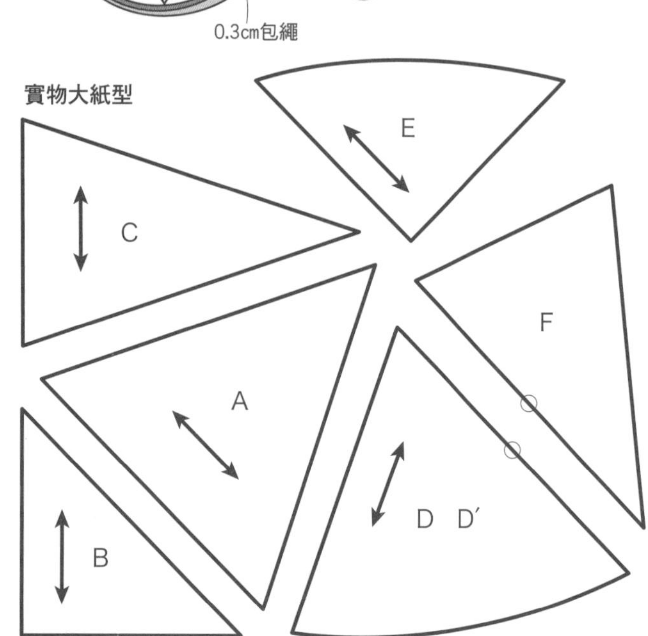

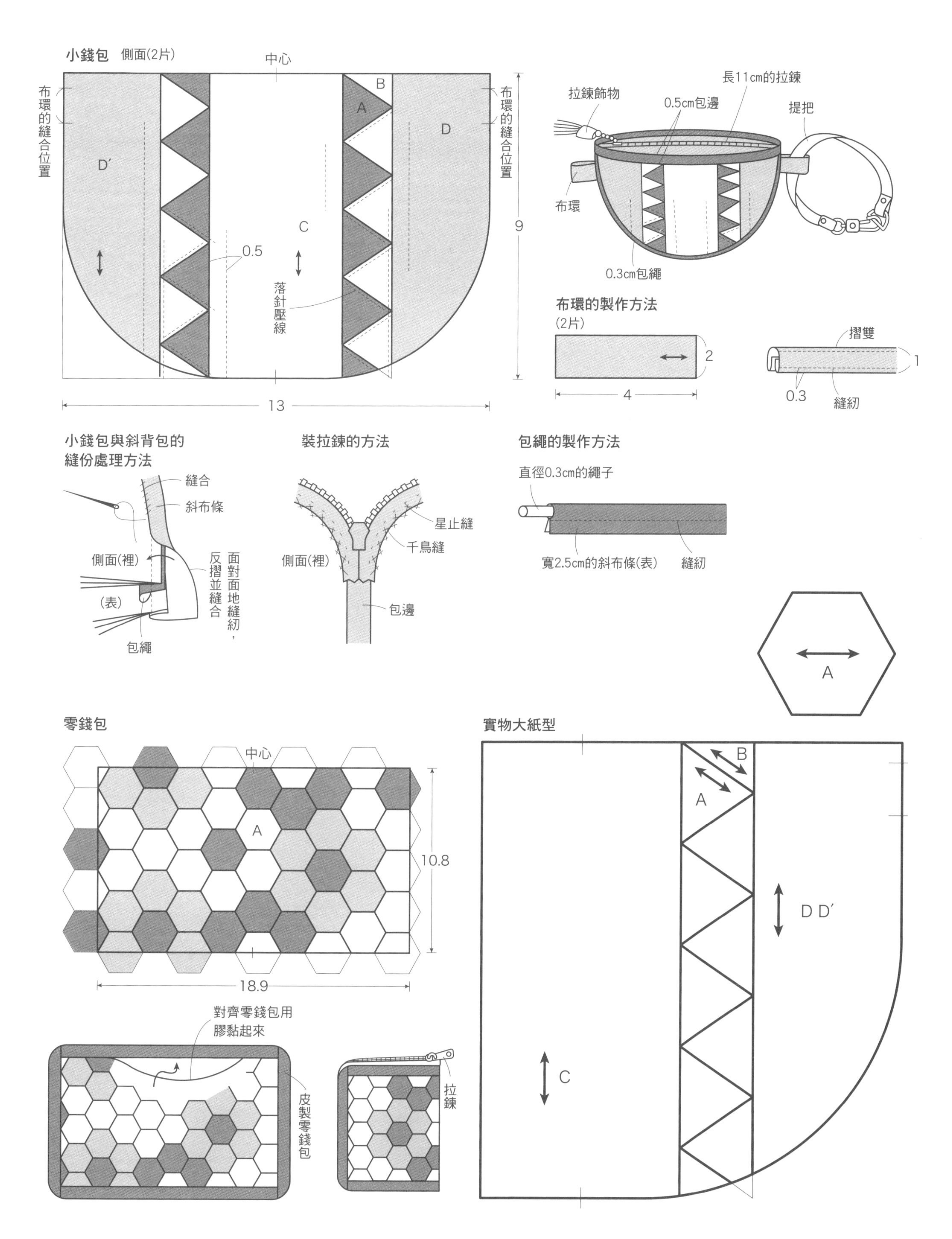

小錢包 側面(2片)
中心
布環的縫合位置
布環的縫合位置
B
A
D
D′
C
0.5
落針壓線
9
13
長11cm的拉鍊
拉鍊飾物
0.5cm包邊
提把
布環
0.3cm包繩
布環的製作方法
(2片)
2
4
摺雙
1
0.3
縫紉
小錢包與斜背包的
縫份處理方法
縫合
斜布條
側面(裡)
(表)
反摺並縫合
面對面地縫紉，
包繩
裝拉鍊的方法
星止縫
千鳥縫
側面(裡)
包邊
包繩的製作方法
直徑0.3cm的繩子
寬2.5cm的斜布條(表)
縫紉
A
零錢包
中心
A
10.8
18.9
實物大紙型
B
A
D D′
C
對齊零錢包用
膠黏起來
皮製零錢包
拉鍊

P.38………托特包

●尺寸及材料

B、D用的各種縐綢布片(含布環的份量) A、C、側身用帶地30×130cm(含貼邊的份量) 底布50×30cm 鋪棉、裡布各100×45cm 長41cm的皮製提把1組 寬0.7cm的裝飾帶90cm

●製作方法

重疊布片製作B和D→重疊鋪棉、裡布，用縫紉機壓縫→分別連接A和C，縫上壓線→側身也一樣縫上壓線→在前片縫上裝飾帶→將側面與側身面對面對齊地縫合→製作布環，穿過提把後疏縫，縫上貼邊。

●製作要領

- A、C的布與B、D連接那一側用帶地的布邊不要加縫份。貼邊的下側也一樣。
- 縫份做包邊處理。

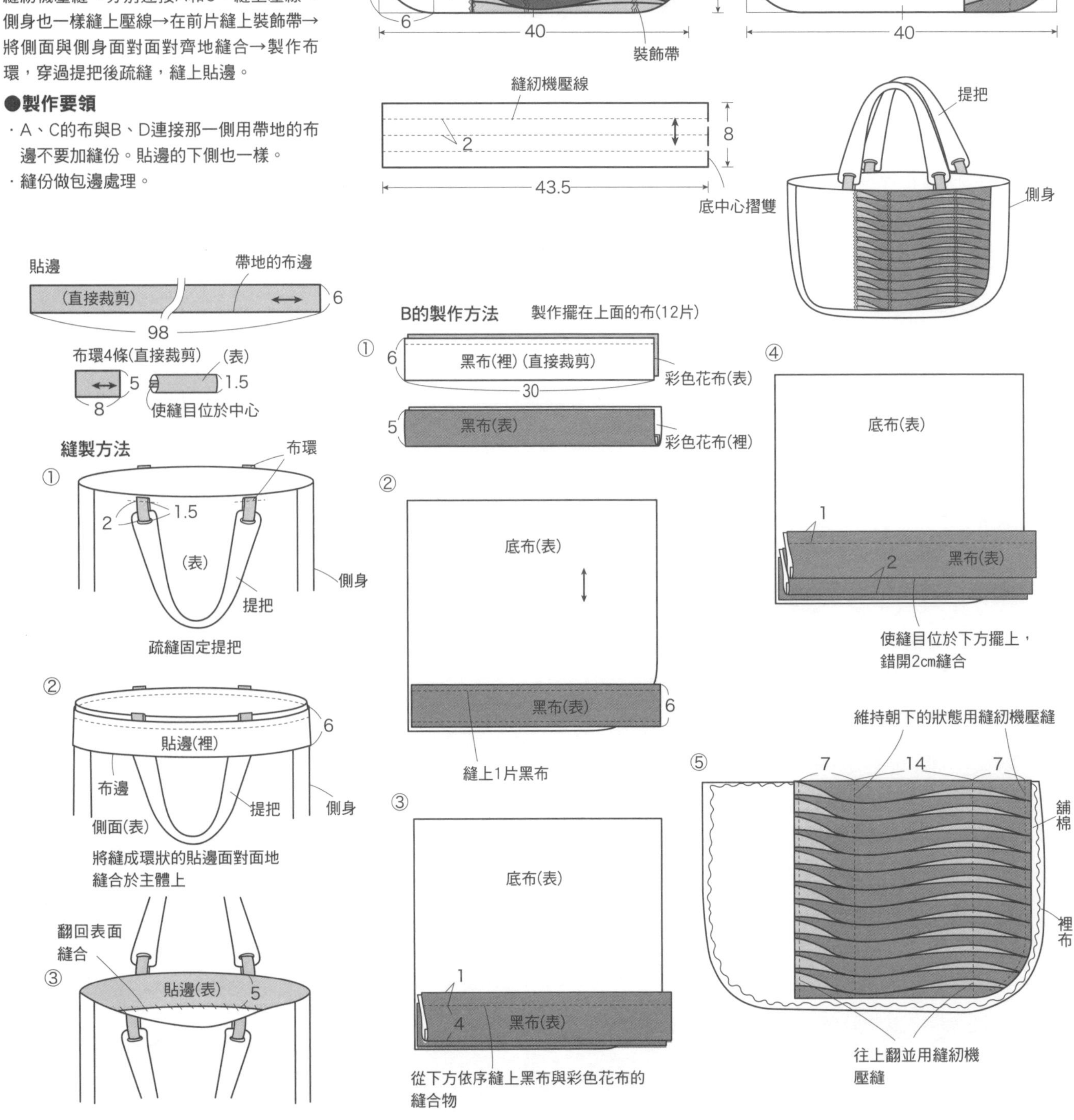

P.44………亞麻布手提包

●尺寸及材料

拼縫用的各種布片　麻布60×25cm　內袋用布、單面有膠鋪棉各90×30cm　寬1.7cm的蕾絲65cm　直徑0.1cm的繩子、寬0.9cm的皮繩各1m

●製作方法

用布片拼縫2片表層布→在表層布的裡側燙貼鋪棉→將2片面對面對齊地縫成袋狀→將內袋面對面地對齊，留下翻口縫成袋狀→縫紉側身→在主體與內袋的口布抓出皺褶→把提把疏縫在主體上，內袋面對面地重疊，縫紉口部→翻回表面，將翻口縫合→車縫袋口，縫上拉鍊→在袋口縫上蕾絲和繩子。

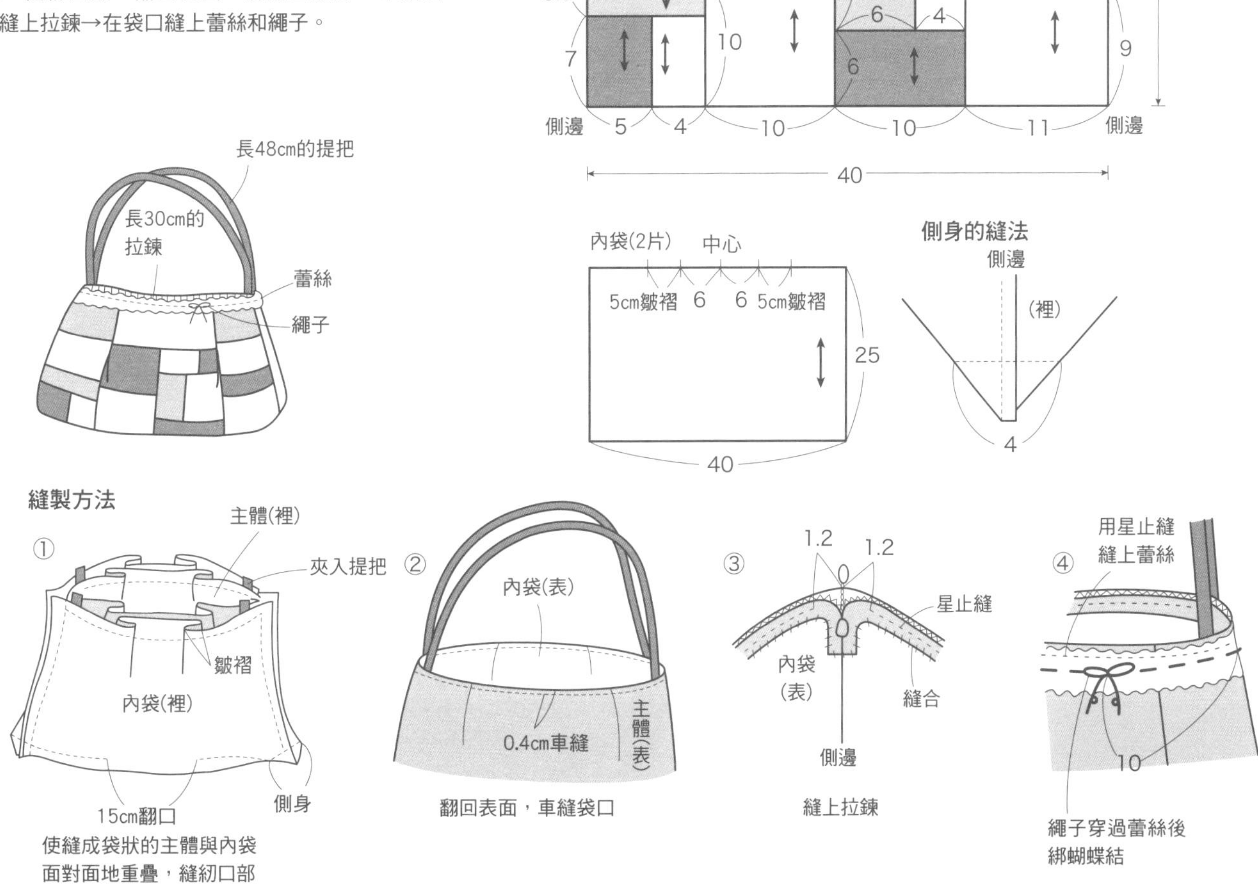

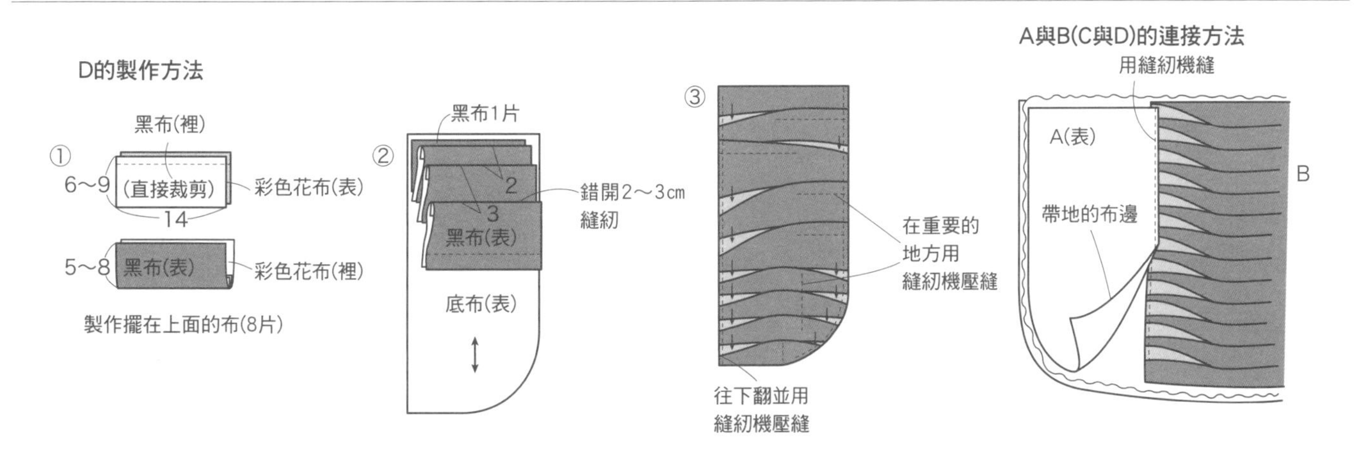

肩背包

●尺寸及材料

拼縫、貼布繡用的各種布片、麻布(含荷葉邊的份量)　後片用麻布50×50cm(含E的份量)　側身、背帶用麻布120×40cm(含側身裡布的份量)　修飾裡布100×30cm　鋪棉、裡布、薄布襯各100×70cm　寬2.5cm的麻織帶35cm　直徑2cm的鈕釦4個　直徑1.2cm的磁扣(縫合型)1組　8號黃色、粉紅色、黃綠色刺繡線各適量

●製作方法

在F上做貼布繡，將A～G拼縫成前片的表層布→重疊鋪棉、裡布後縫上壓線→在袋口疏縫荷葉邊，重疊裡布，縫紉周圍，翻回表面→後片也依相同方法縫製→縫製側身→以捲針縫縫合側面與側身→製作背帶，用鈕釦縫上。

●製作要領

- G要裁剪得大一點，縫好細褶裝飾車縫後再裁剪成所需的尺寸。
- 側身的鈕釦和背帶的釦孔位置要量好，不要變得鬆鬆的。

前片
用縫紉機繡上喜歡的文字等
中心
B
C
D
A
1.3
0.4
1.7
E
G
26.2
細褶裝飾車縫
F
2.5cm寬麻織帶的貼布繡
44
落針壓線
貼布繡

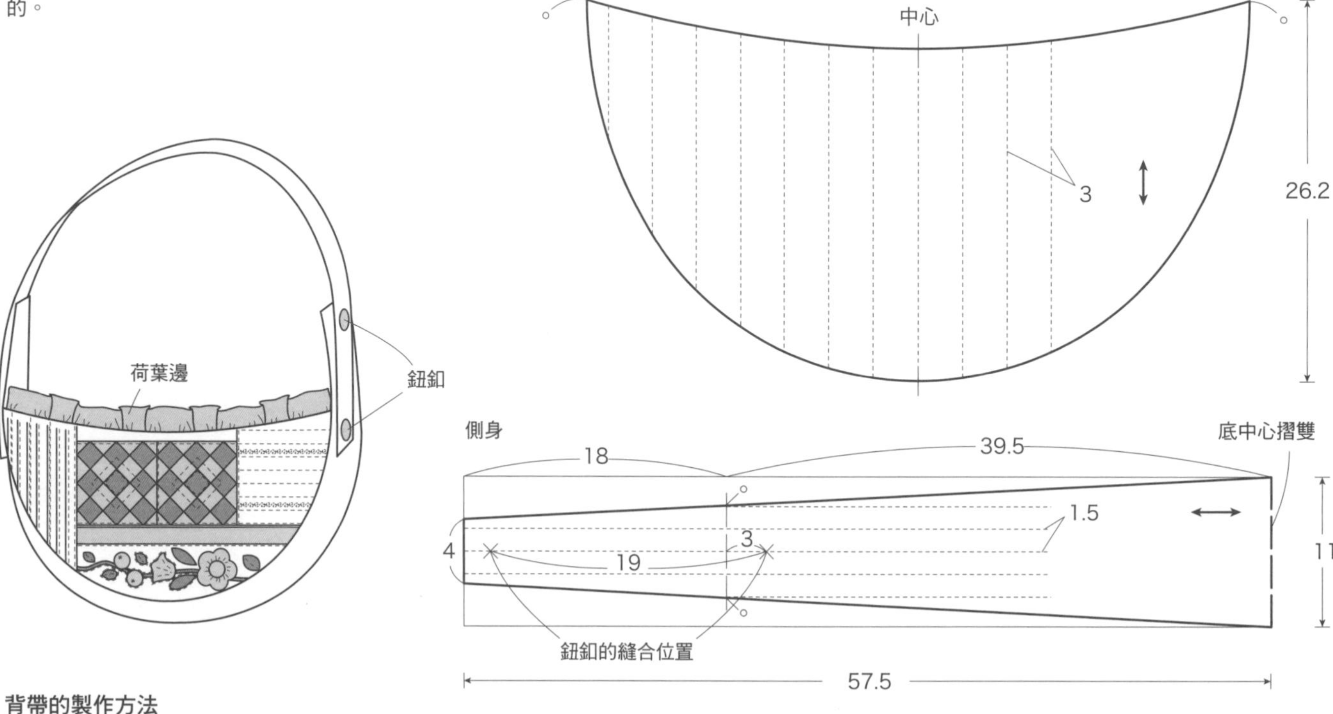

背帶的製作方法
7
80
① 縫成筒狀，翻回表面
3.5
(裡)
② 在兩端做出釦孔
2
(表)
17
2
2
鋪棉
使縫目位於中心
0.6cm車縫
把兩端的縫份往內摺，縫合

側身的製作方法
① 在裡布的裡側燙貼布襯
翻回表面
表層布(表)
15cm翻口
(裡)
使表層布與裡布面對面地對齊，重疊鋪棉並縫紉，翻回表面
② 縫上壓線
翻回表面，將翻口縫合
(表)

P.37………銘仙束口包

●尺寸及材料

銘仙30×80cm　口布用絹布25×25cm　裝飾布、繩飾用綀綢適量　內袋用絹布30×45cm　雙面有膠鋪棉50×30 cm　直徑0.5cm的合成皮繩150cm　直徑1.1cm的鈕釦12個　手工藝棉適量

●製作方法

製作裝飾布→夾入裝飾布拼縫A，作成2片側面的表層布→燙貼鋪棉，縫上壓線→縫上鈕釦→製作內袋，與主體重疊→製作口布，縫在主體上，往內側反摺並縫合→繩子穿過口布後縫上繩飾。

●製作要領

・口布的製作方法及縫合方法請參照第74頁。
・將內袋重疊於主體上，翻回表面，用熨斗燙貼鋪棉。

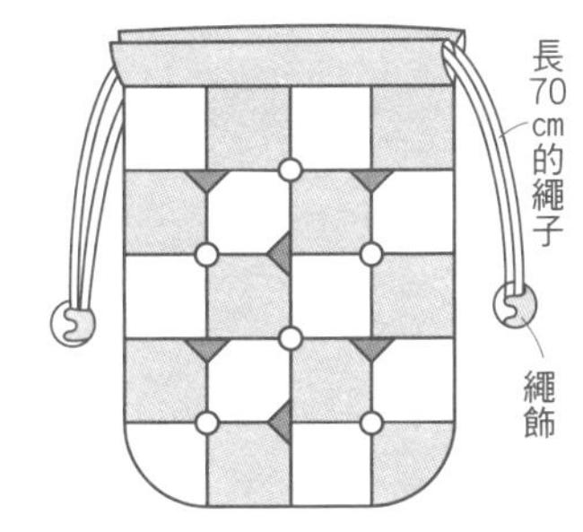

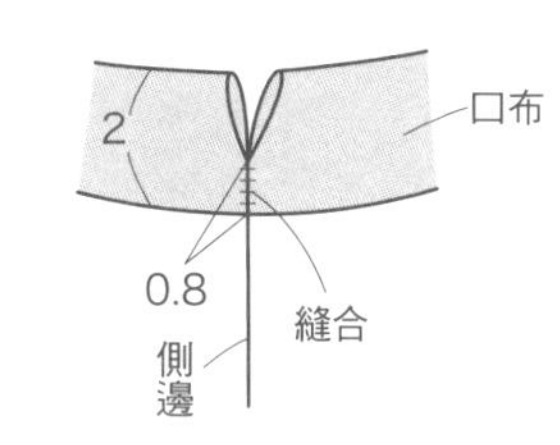

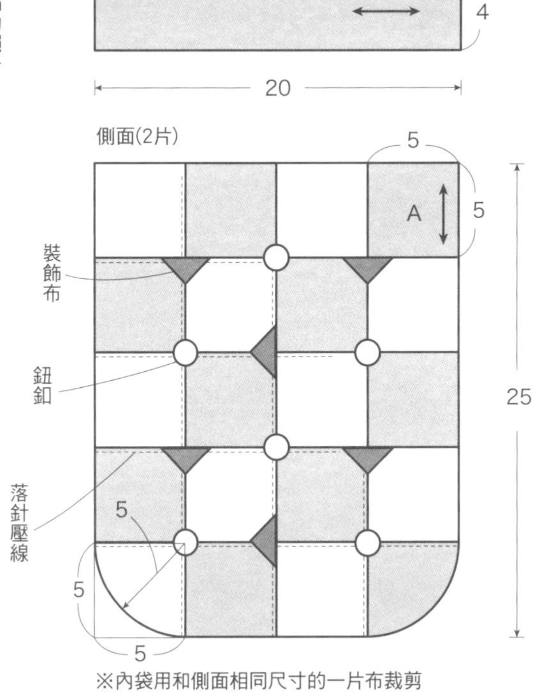

裝飾布的製作方法

(12片・直接裁剪)

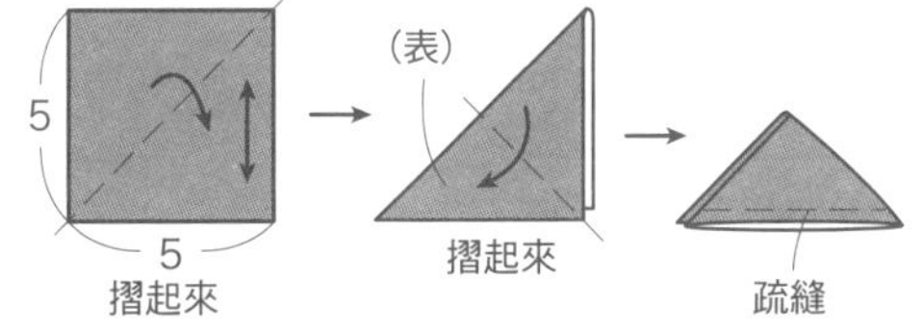

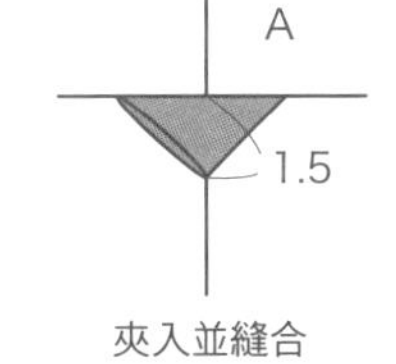

繩飾的製作方法

(4片・直接裁剪)

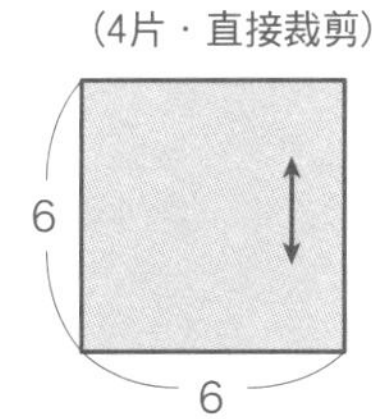

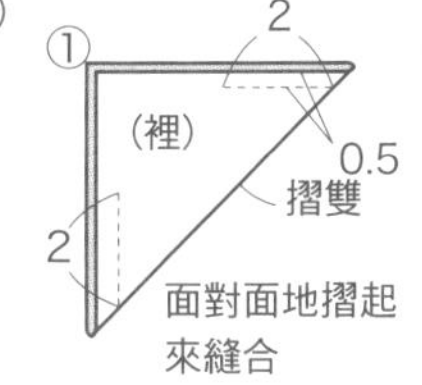

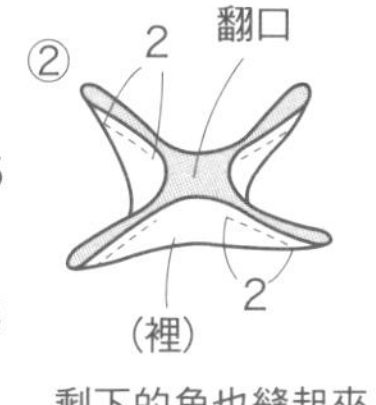

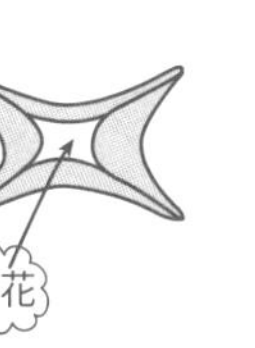

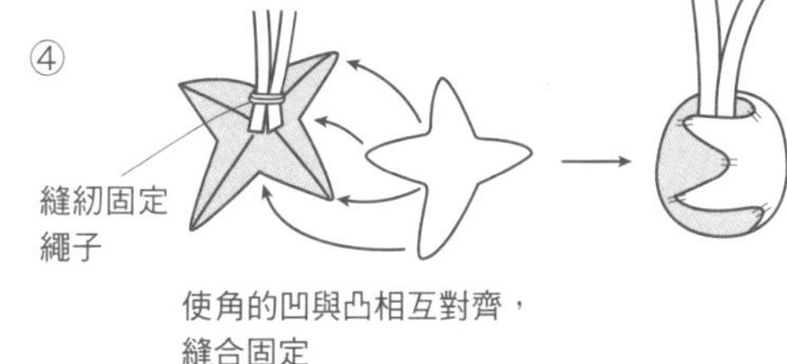

荷葉邊的製作方法

前、後片的製作方法

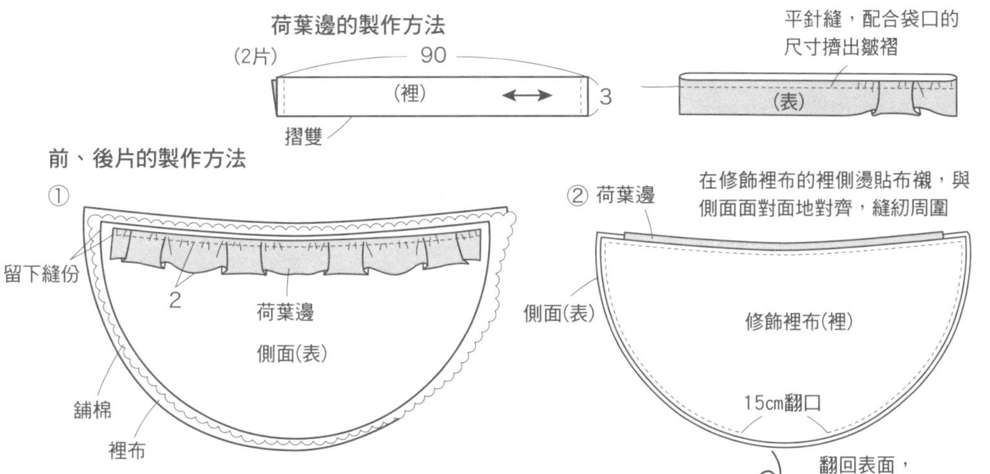

縫製方法

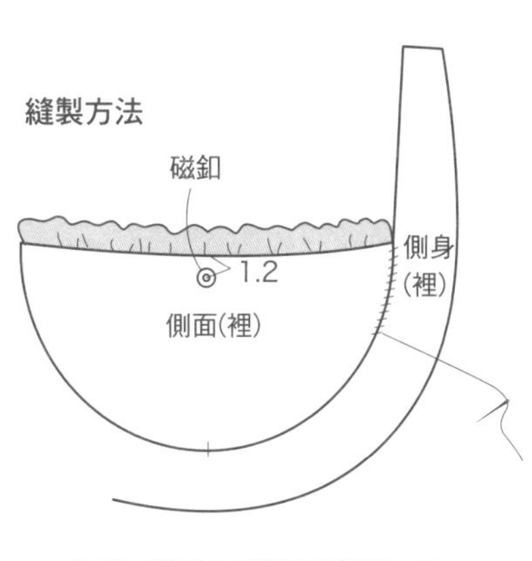

花卉刺繡提包

※附錄正面⑤

●尺寸及材料（1件的份量）

拼縫用的各種羊毛布片　單面有膠舖棉、內袋用布各60×40cm　寬0.5cm的裝飾帶55cm(僅綠色)　寬0.8cm的皮帶80cm(紅色是寬0.9cm的繩子75cm)　25號紅色刺繡線適量

●製作方法（共通）

將布片拼縫成前片的表層布，縫上刺繡→後片也縫上刺繡→在前片與後片上燙貼舖棉，面對面地對齊，縫紉周圍→製作內袋，與主體面對面地對齊，縫紉口部，翻回表面(此時夾入提把一併縫合)→在袋口縫裝飾帶(紅色是車縫壓線)。

●製作要領

・刺繡用3條線縫紉。

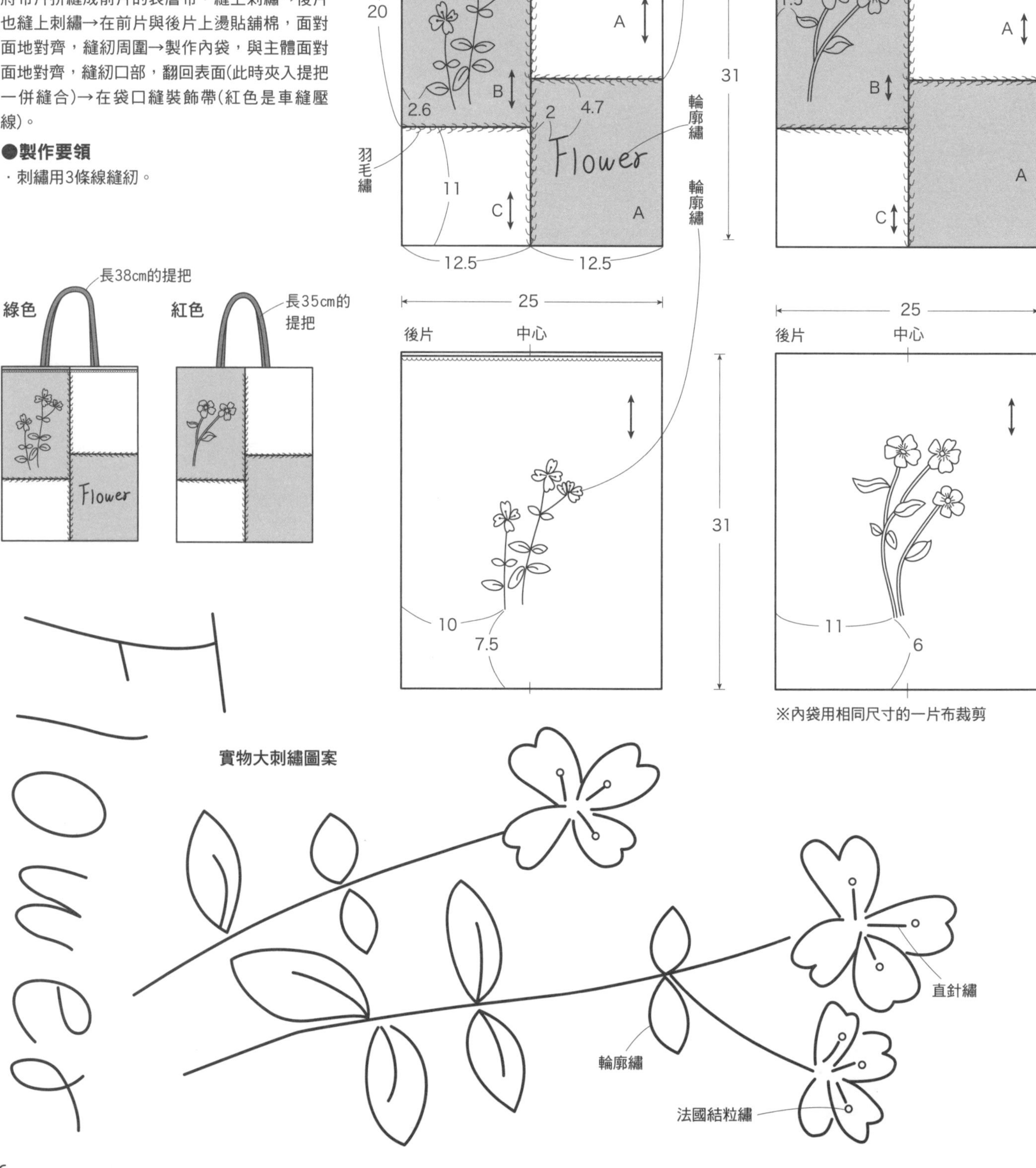

P.46………貼布繡提包

※附錄正面⑪

●尺寸及材料

拼縫、貼布繡、布環用的各種羊毛布片　單面有膠鋪棉、內袋用布各65×35cm　貼邊用布35×10cm　內寬14cm附D形環的竹製提把1組　直徑1.4cm的磁釦1組　寬0.4cm的波浪形裝飾帶、粗毛線各種、手工藝棉、25號黃色刺繡線、織布型的布襯各適量

●製作方法

用布片拼縫前、後片的表層布，燙貼鋪棉→縫紉褶子→製作花朵，縫縫在前片→將前、後片面對面對齊地縫成袋狀→製作內袋，置入主體中→在袋口疏縫穿過提把的布環，面對面對齊地將貼邊縫合於袋口→反摺並縫合→車縫袋口。

●製作要領

・花的裡布用織布型的布襯。

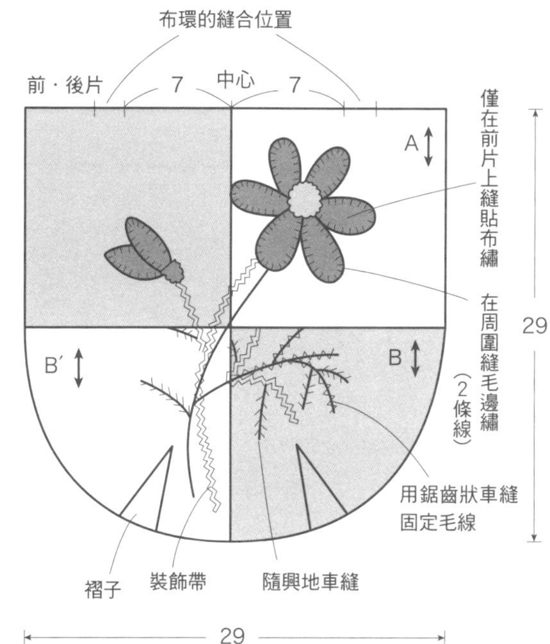

花瓣和蓓蕾的貼布繡方法

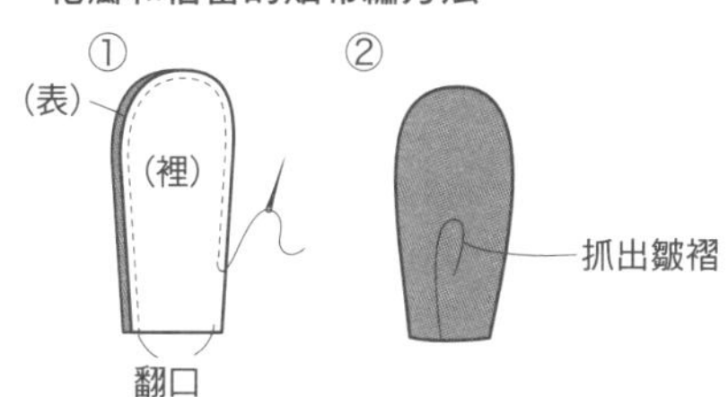

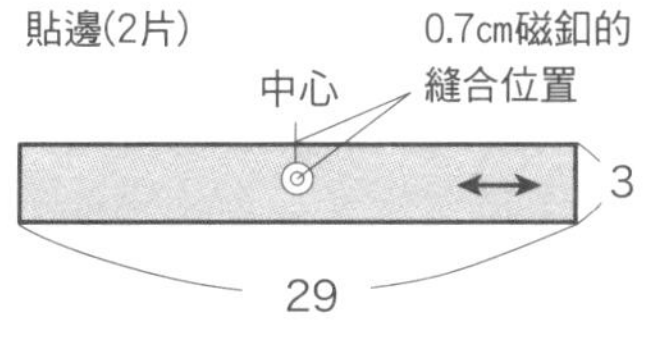

布環的製作方法

縫製方法

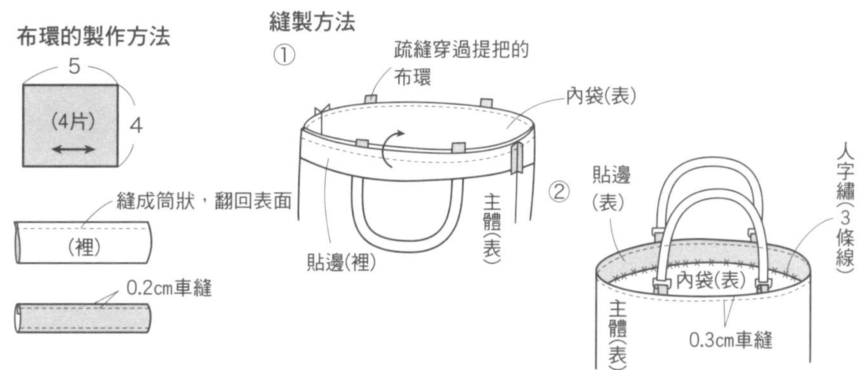

花芯的製作方法

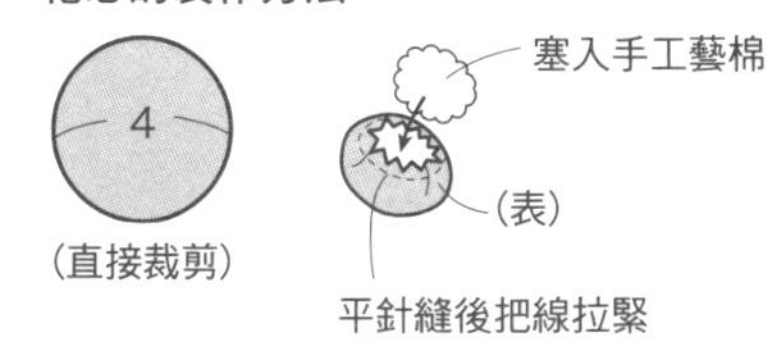

把刺繡圖案複寫到羊毛布上的方法

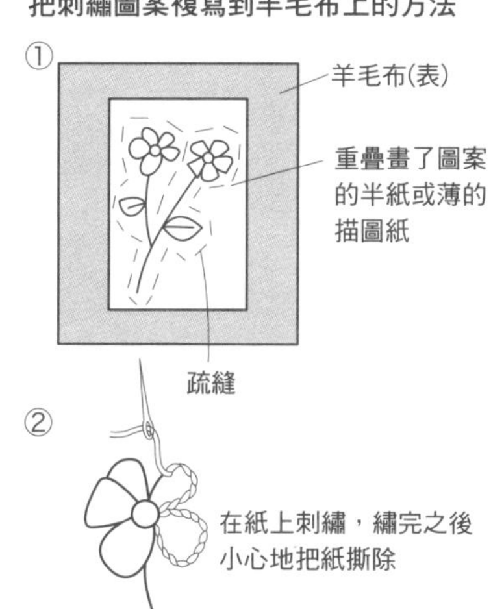

縫製方法(共通)

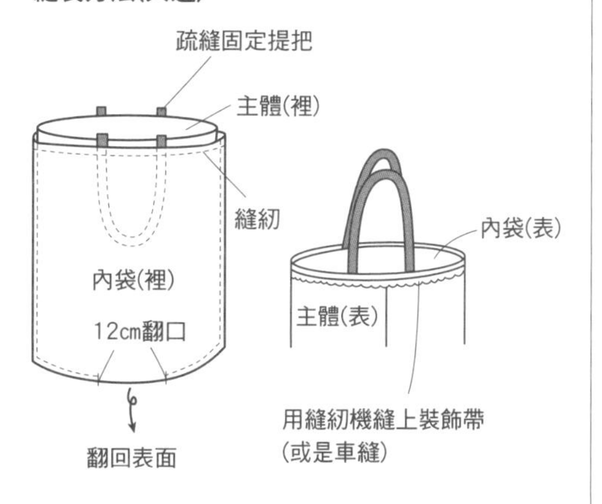

實物大紙型

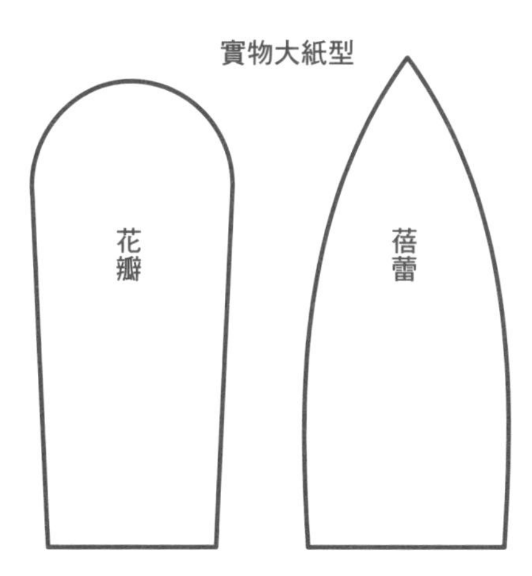

P.47………高尚優雅的手提包

●尺寸及材料

拼縫用的各種布片　口布用羊毛布30×30cm　提把用天鵝絨50×10cm　鋪棉、裡布各65×30cm　內袋用布45×30cm　寬1.5cm的棉織帶1m　直徑0.5cm的繩子50cm　直徑1.5mm的圓形珠子、長0.6cm・0.3cm的竹形珠子各適量

●製作方法

將A～E拼縫成前片的表層布→重疊鋪棉、裡布後縫上壓線，縫上珠子→後片也一樣縫上壓線→使前、後片面對面地對齊，夾入包繩縫成袋狀→將口布縫成環狀，夾入提把並縫合→置入內袋，縫上口布。

●製作要領

・鋪棉要加上口布的份量裁剪。
・壓線請參照圖案隨興縫上。也可以沿著布的花紋縫紉。

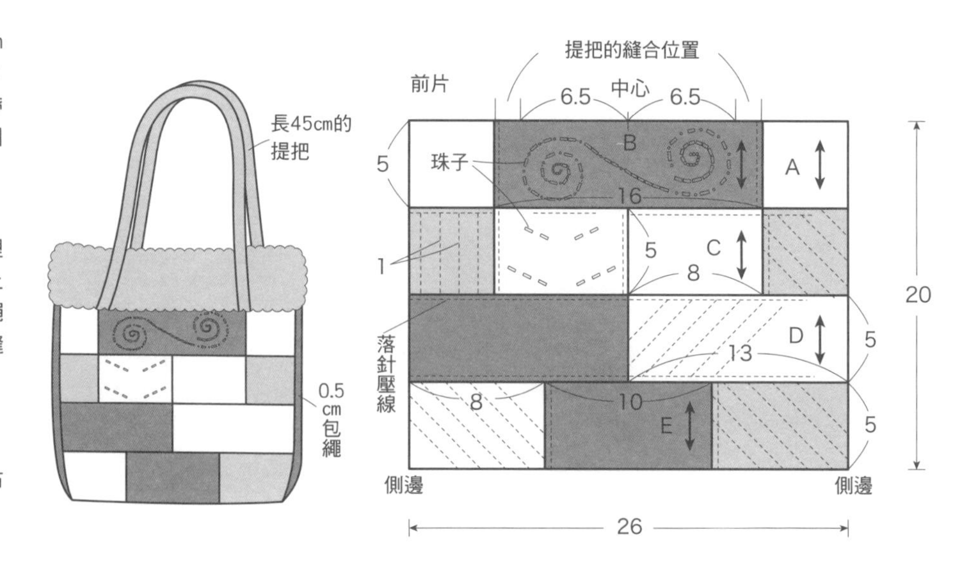

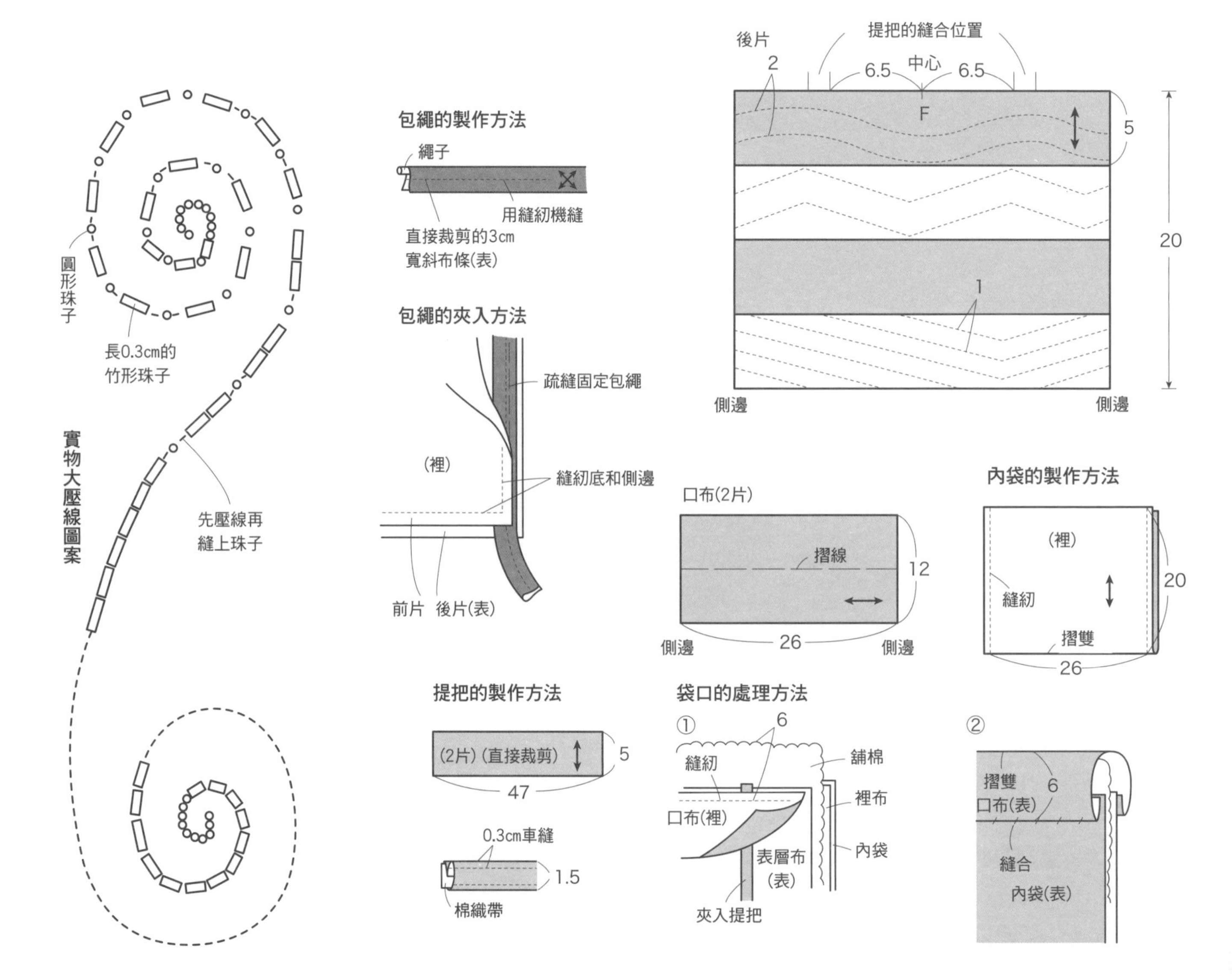

P.49………附提把的錢包

●尺寸及材料

拼縫用的各種布片(含包釦的份量)　布襯、裡布各25×40cm　直徑1.2cm的塑膠包釦5個　直徑1cm的磁釦(縫合型)1組　寬1.4cm的緞帶65cm　中細～粗毛線各種

●製作方法

將布片拼縫成表層布(此時夾入提把一併縫合)→縫上包釦和刺繡→與燙貼了布襯的裡布面對面地對齊，縫紉周圍，翻回表面→將翻口縫合，縫上磁釦→沿著摺線摺起來，縫紉側邊。

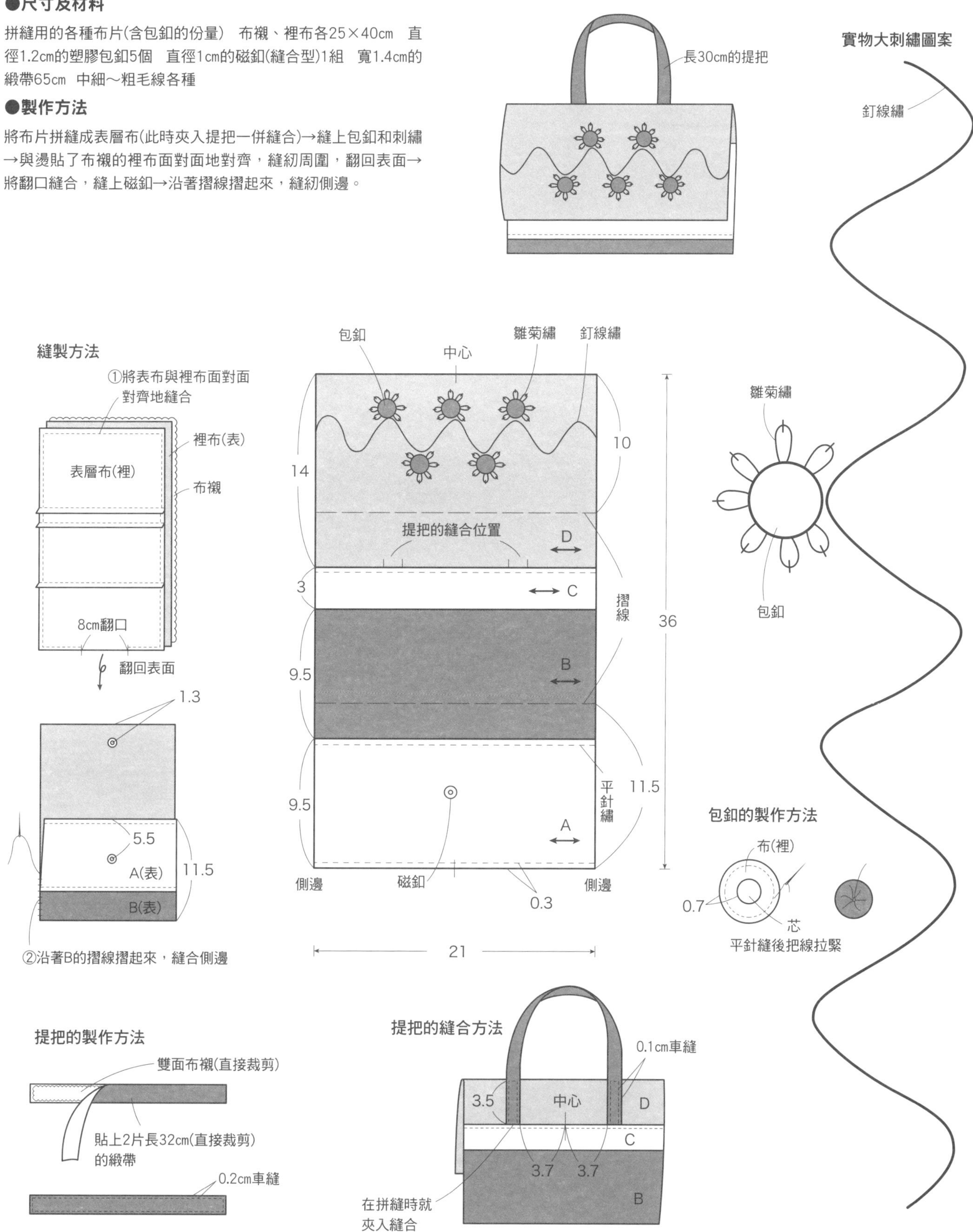

P.51.........親子包

●尺寸及材料

手提包　拼縫、貼布繡用的各種羊毛布片　側身、後片用褐色羊毛布114×55cm(含貼邊的份量)　內袋用布100×45cm　薄布襯90×35cm　厚布襯60×20cm　單面有膠鋪棉55×120cm　寬2.2cm長41cm的皮製提把(鉚釘固定型)1組　絨球裝飾帶2.3m　25號刺繡線、雙面布襯各適量

迷你包　拼縫、貼布繡用的各種羊毛布片　後片用褐色羊毛布35×35cm(含包邊的份量)　薄布襯、單面有膠鋪棉、內袋用布各35×30cm　長20cm的拉鍊1條　寬1cm長38.5cm的皮製提把(附夾具)1條　25號刺繡線、雙面布襯各適量

●製作方法

手提包　將A拼縫成前片的表層布→燙貼薄布襯，縫上貼布繡和刺繡→燙貼鋪棉→後片燙貼薄布襯和鋪棉，縫上貼布繡和刺繡→側身燙貼厚布襯和鋪棉，縫上壓線→將前、後片及側身面對面對齊地縫合(此時夾入裝飾帶一併縫合)→縫紉內袋，與主體面對面地對齊，縫紉口部→翻回表面，車縫袋口→避開內袋縫上提把→將翻口縫合。

迷你包　和手提包一樣做出前片和後片→縫紉褶子→將前片與後片面對面對齊地縫合→將袋口包邊→縫上拉鍊→把內袋縫在拉鍊布上→縫上提把。

●製作要領

・手提包的刺繡用1條線。
・拉鍊的長度要考慮夾上提把金屬夾具的份量，選擇比袋口短一點的20cm。

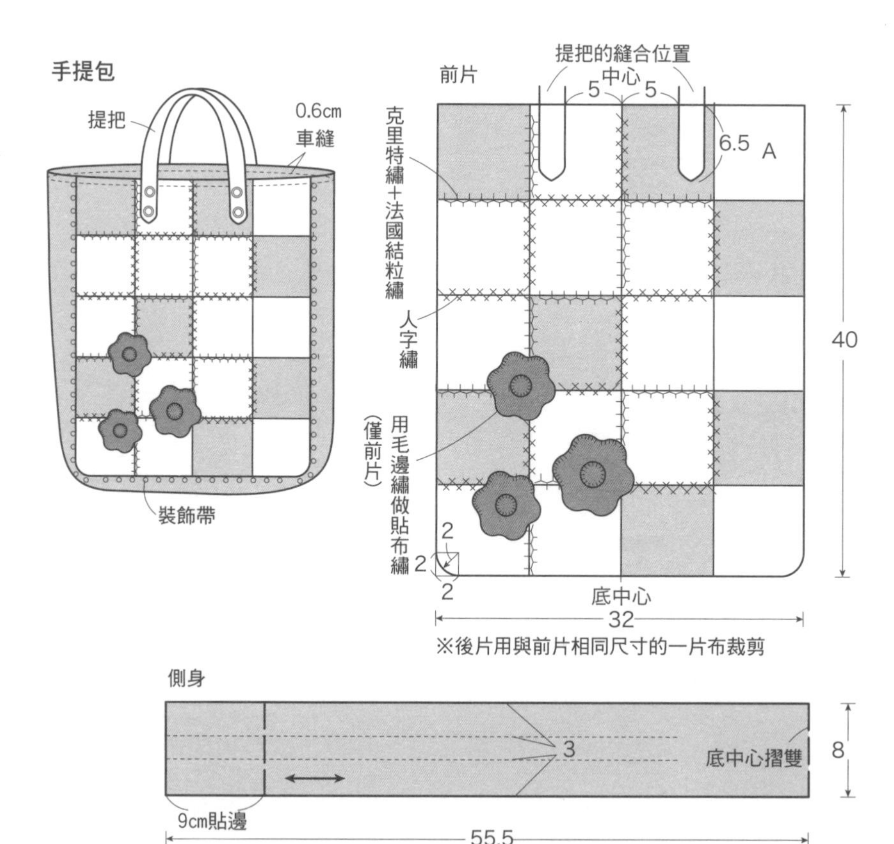

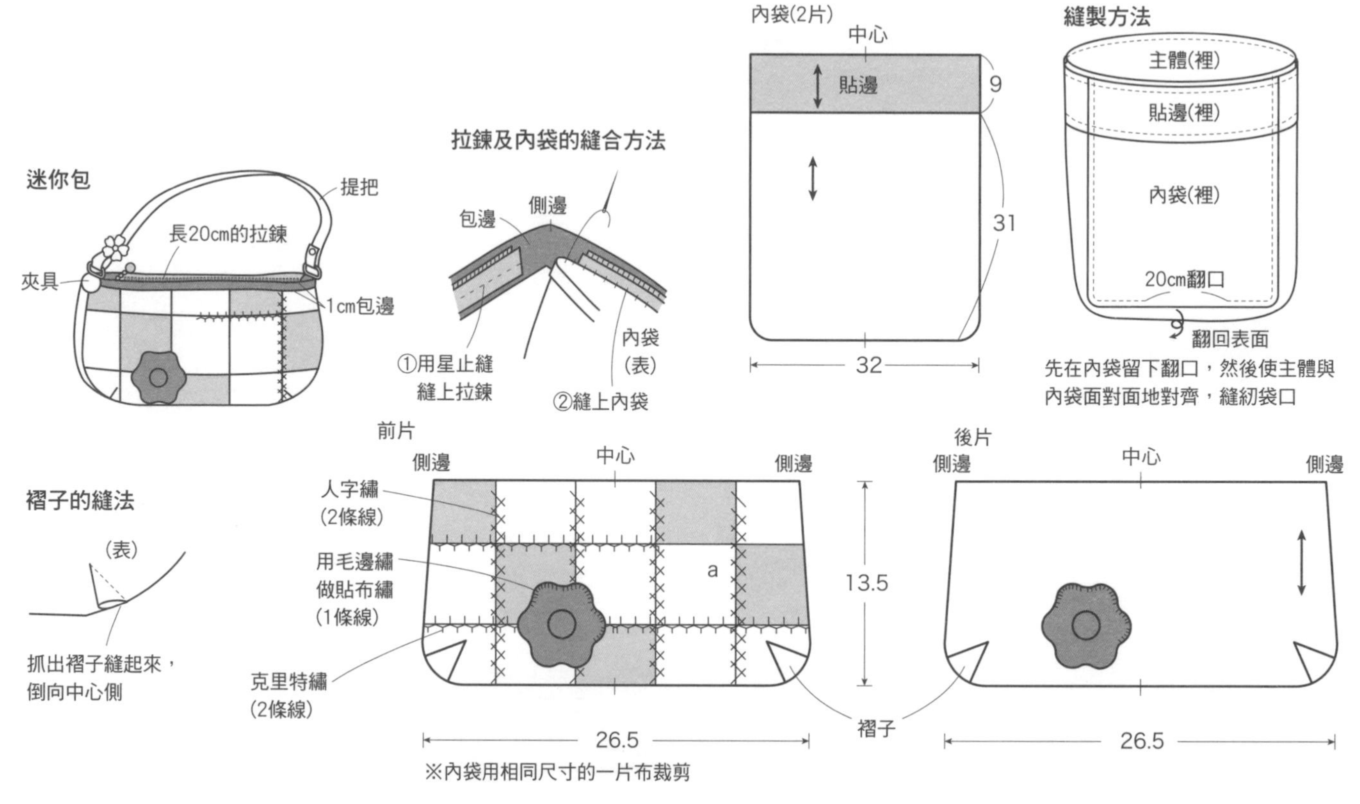

P.46………四角形拼縫的手提包2款

●尺寸及材料（1件的份量）

拼縫用的各種羊毛布片　薄布襯35×30cm　內袋用布75×35cm(含內口袋的份量)　寬1.5cm長40cm的皮製提把1組(左邊是寬1cm的絨面皮帶65cm)　直徑1.5cm的磁釦1組(縫合型)

●製作方法（共通）

將A拼縫成前片的表層布→後片燙貼布襯，面對面對齊地縫成袋狀→製作內袋，與主體面對面地對齊，縫紉口部，翻回表面→將翻口縫合，車縫袋口(左邊此時夾入提把一併縫合)→右邊縫上提把。

●製作要領

・想縫得牢一點時，就在表層布的裡側燙貼單面有膠鋪棉。

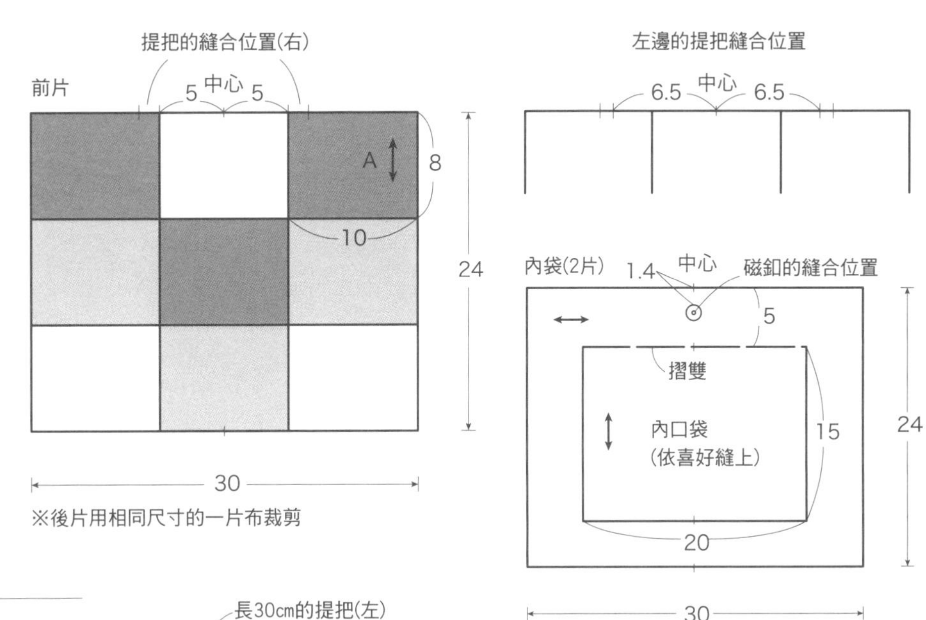

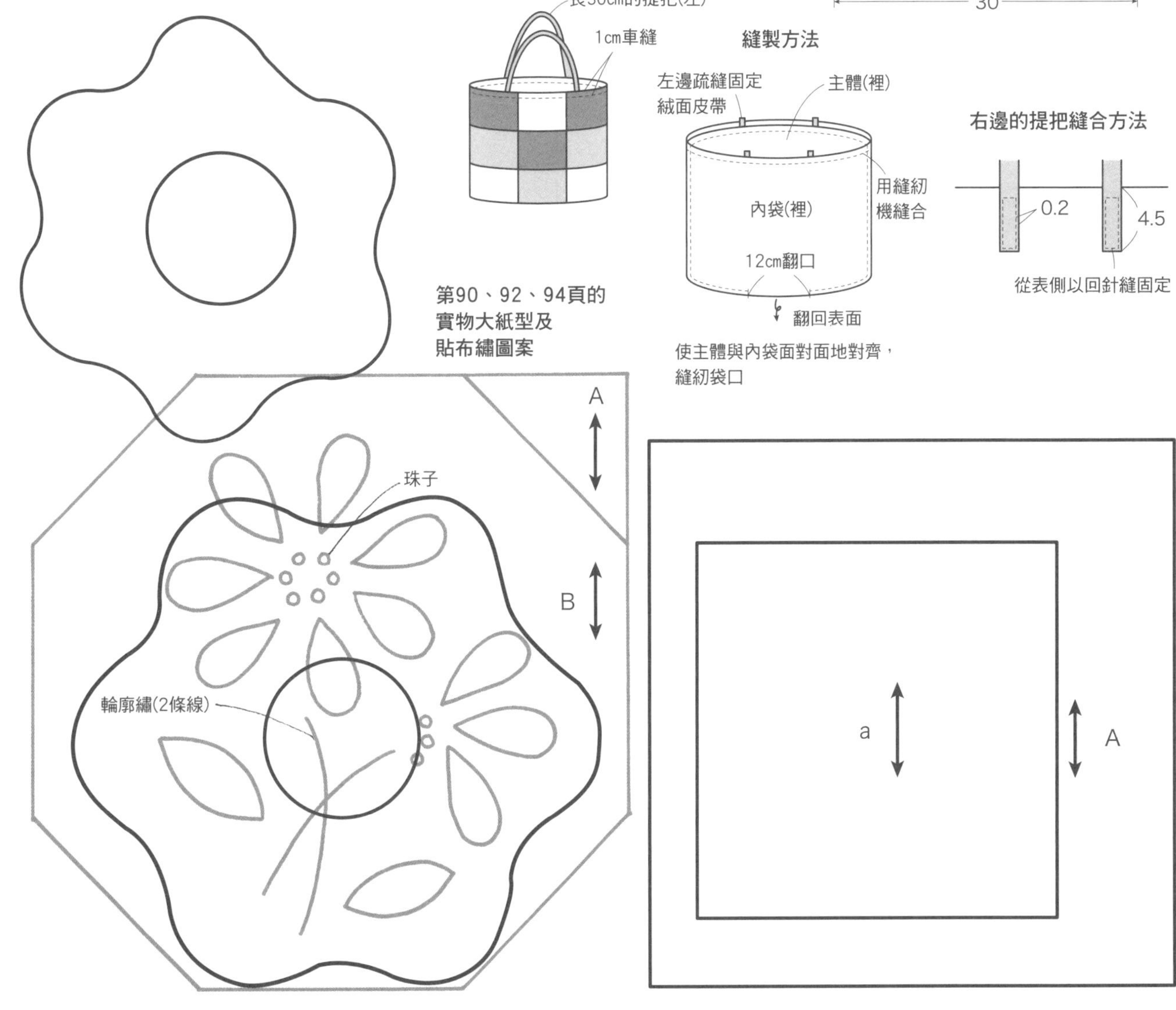

P.50……羊毛布手提包

※A的實物大紙型(第91頁)

●尺寸及材料

拼縫、貼布繡用的各種羊毛布片　灰色素羊毛布100×60cm(含後片、貼邊的份量)　內袋用布110×75cm(含內口袋的份量)　薄布襯100×45cm　厚布襯50×45cm　單面有膠鋪棉100×45cm　長52cm的皮製提把1組　直徑1.5cm的底鉚釘4個　極細毛線、雙面布襯各適量

●製作方法

將A拼縫成前片的表層布→燙貼薄布襯→縫上貼布繡和刺繡，燙貼鋪棉→後片燙貼薄布襯和鋪棉，縫上貼布繡和刺繡→側身3片都燙貼薄布襯，縫合→將前、後片及側身面對面對齊地縫合→裝上底鉚釘→縫紉內袋，與主體面對面地對齊，縫紉口部→翻回表面，車縫袋口→縫上提把→將翻口縫合。

●製作要領

- 拼縫A之後要把縫份分開。
- 貼布繡的布片用雙面布襯燙貼在喜歡的位置上(請參照第53頁)。
- 縫合提把時要避開內袋。

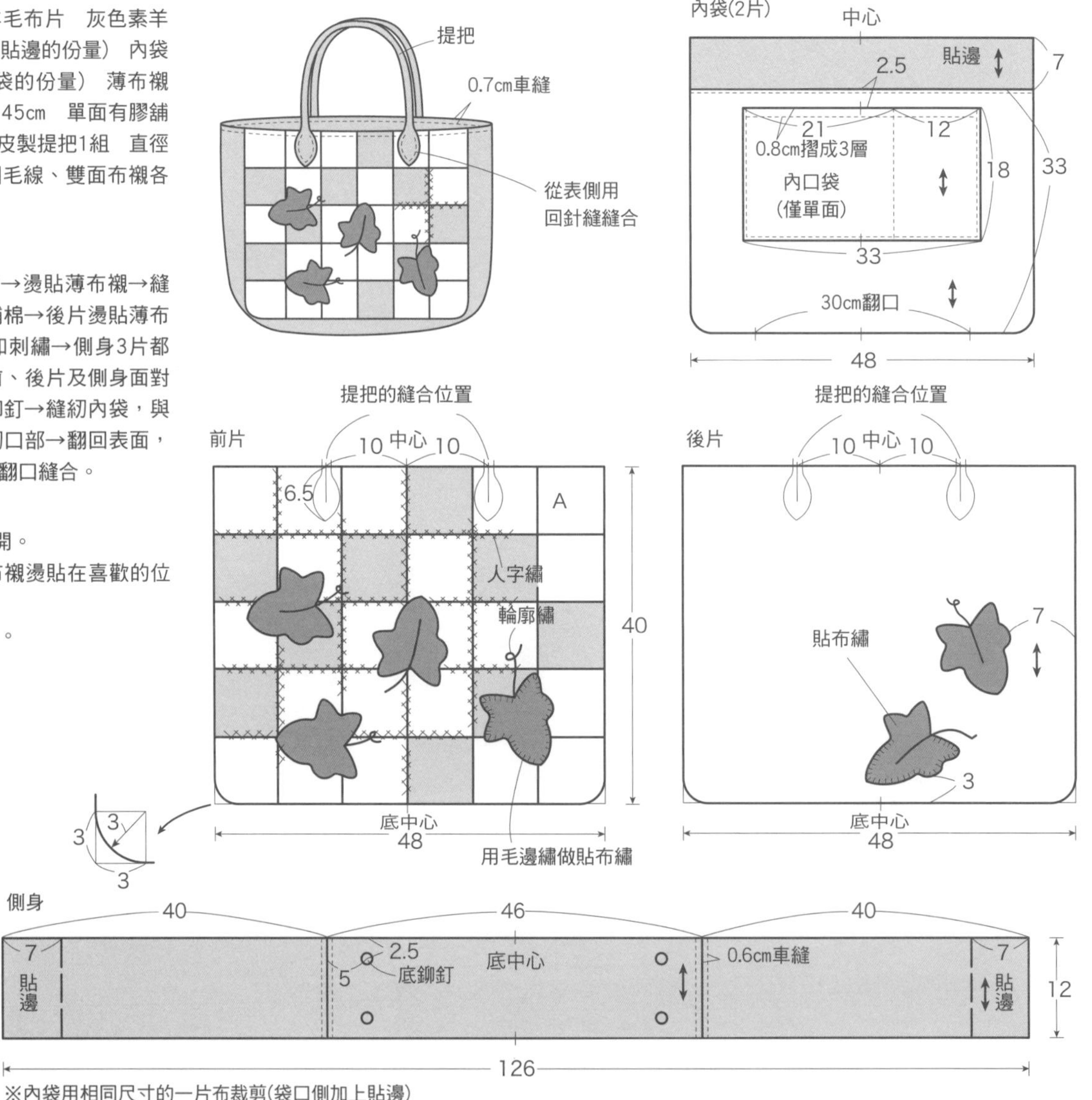

※內袋用相同尺寸的一片布裁剪(袋口側加上貼邊)

P.56……玫瑰刺繡手提包

※附錄正面③

●尺寸及材料

拼縫用的各種布片　提把、包邊用蕾絲布50×50cm　鋪棉、裡布、內袋用布各100×35cm　寬3cm的平織帶85cm　寬0.7cm的黃綠色天鵝絨緞帶、寬0.3cm的銀色波浪形裝飾帶各90cm　寬1.2cm的緞帶40cm　直徑1cm的子母釦1組　寬0.7cm的裝飾帶30cm　長0.7cm的竹形珠子56個　寬1cm的玫瑰花飾3個　直徑1.5mm的角珠、寬3.5mm的刺繡用緞帶、絹穴線各適量

●製作方法

拼縫A、B，縫上刺繡，完成2片表層布的製作→重疊鋪棉、裡布後縫上壓線，縫上珠子→將2片面對面對齊地縫成袋狀，縫紉側身→依照與主體相同的方法縫製內袋，置入主體中，將袋口包邊→縫上子母釦→在袋口縫上裝飾帶和飾物→製作並縫上提把。

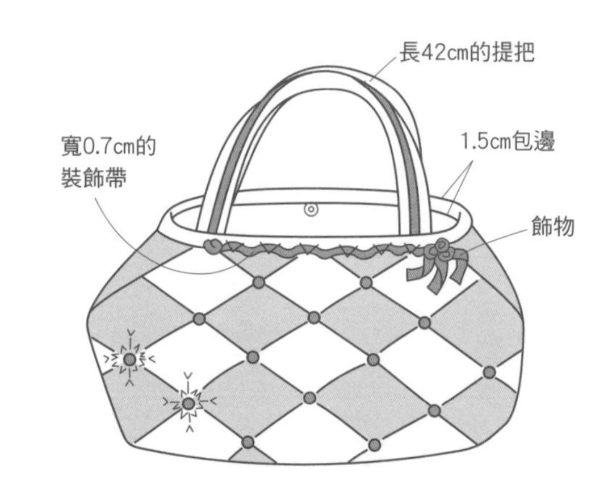

實物大貼布繡圖案
輪廓繡

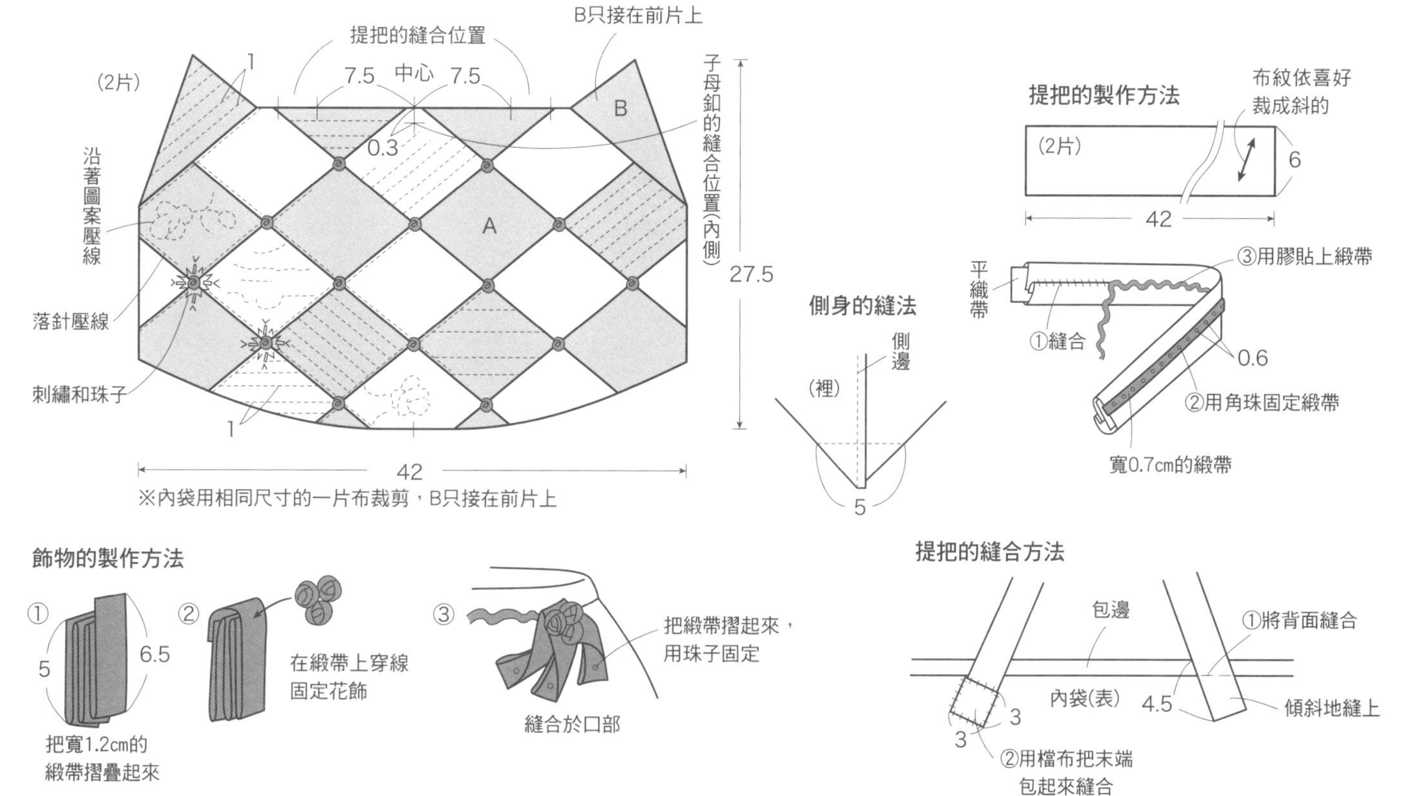

提把的縫合位置
B只接在前片上
(2片)
1
7.5
中心
7.5
B
0.3
子母釦的縫合位置(內側)
沿著圖案壓線
A
27.5
落針壓線
刺繡和珠子
1
42
※內袋用相同尺寸的一片布裁剪，B只接在前片上
側身的縫法
側邊
(裡)
5
提把的製作方法
布紋依喜好裁成斜的
(2片)
6
42
平織帶
③用膠貼上緞帶
①縫合
0.6
②用角珠固定緞帶
寬0.7cm的緞帶
飾物的製作方法
①
5
6.5
把寬1.2cm的緞帶摺疊起來
②
在緞帶上穿線固定花飾
③
把緞帶摺起來，用珠子固定
縫合於口部
提把的縫合方法
包邊
①將背面縫合
內袋(表)
4.5
傾斜地縫上
3
3
②用檔布把末端包起來縫合

P.4………貼布繡托特包

實物大紙型及貼布繡圖案(第91頁)、壓線圖案(第103頁)

●尺寸及材料

拼縫、貼布繡用的各種布片　後片用布(含側身、包邊、包繩、釦耳、布環、檔布的份量)70×55cm　鋪棉70×40cm　裡布(含修飾裡布的份量)110×60cm　布襯70×30cm　雙面布襯30×20cm　直徑1cm的磁釦1組(縫合型)　直徑1.5cm的塑膠包釦1個　長18cm的拉鍊1條　內寬8cm的木製提把1組　直徑0.3cm的珠子、25號褐色刺繡線、粗毛線各適量

●製作方法

拼縫A、B，縫上貼布繡和刺繡，完成前片的表層布→重疊鋪棉、裡布後縫上壓線→後片及側身也一樣縫上壓線→在後片上面對面地重疊檔布，縫紉拉鍊口→在拉鍊口上剪牙口，把檔布翻回表面→重疊拉鍊，縫紉拉鍊口的周圍→將側面與側身面對面對齊地縫合(此時重疊修飾裡布)→製作釦耳和布環→在袋口疏縫釦耳和穿過提把的布環，包邊。

●製作要領

- 修飾裡布要燙貼直接裁剪的布襯。
- 後片的修飾裡布用雙面布襯把布貼成兩層。
- 縫份做包邊處理。

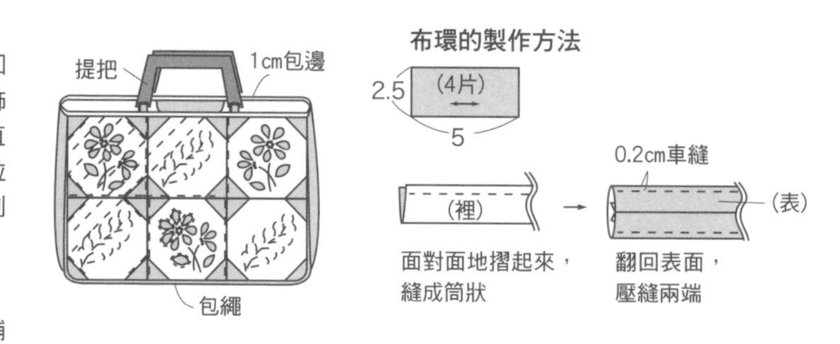

釦耳的製作方法

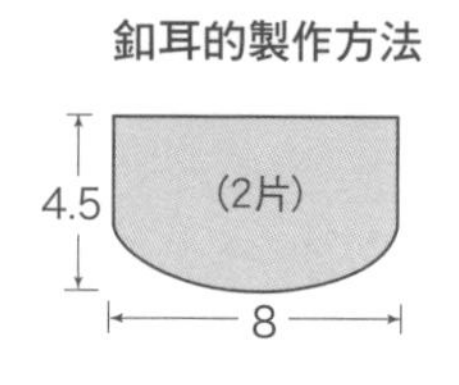

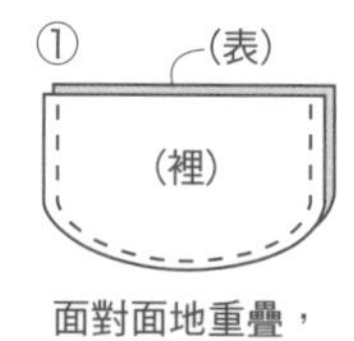

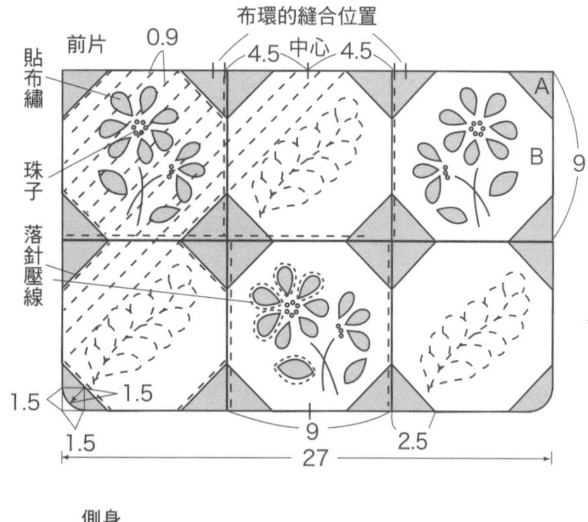

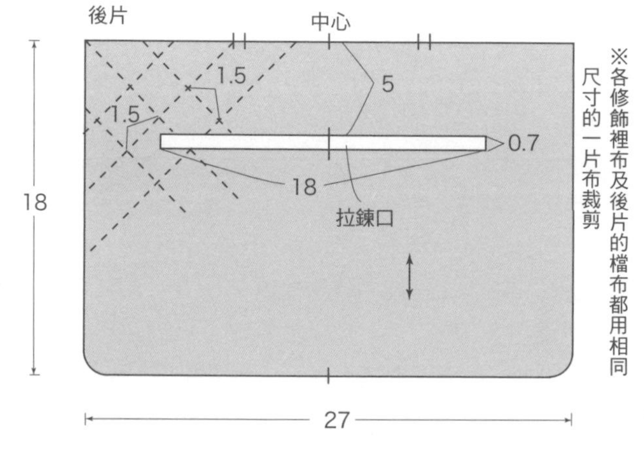

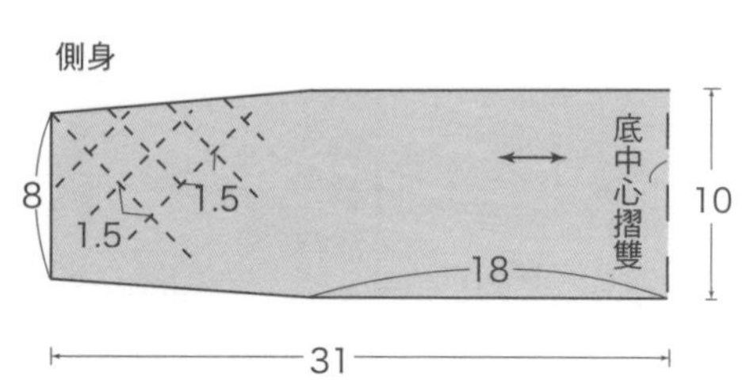

包釦的製作方法

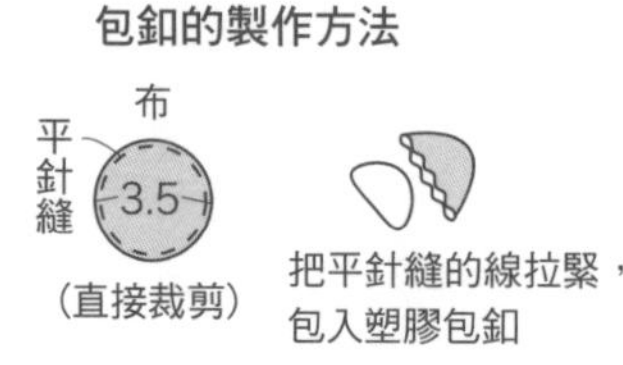

包繩的製作方法

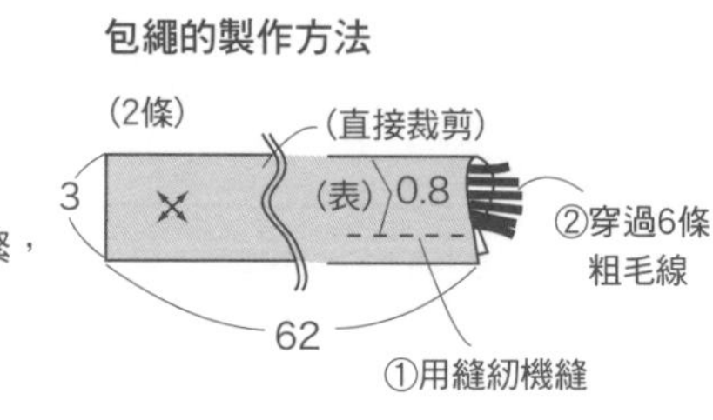

後片的製作方法

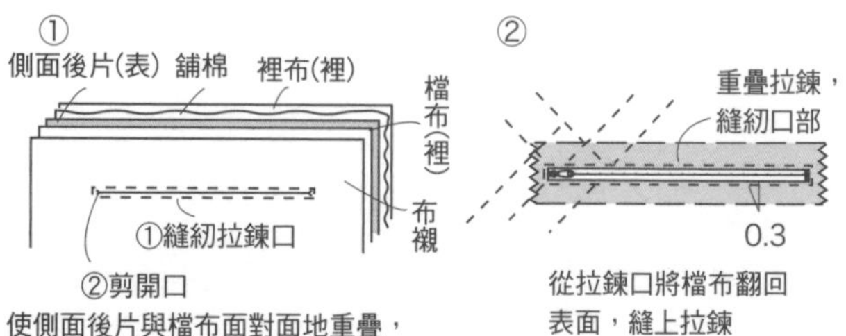

使側面後片與檔布面對面地重疊，縫紉拉鍊口，再剪開

從拉鍊口將檔布翻回表面，縫上拉鍊

縫製方法

在背對背重疊好修飾裡布的側面上面對面地重疊縫上側身(此時要夾入包繩)

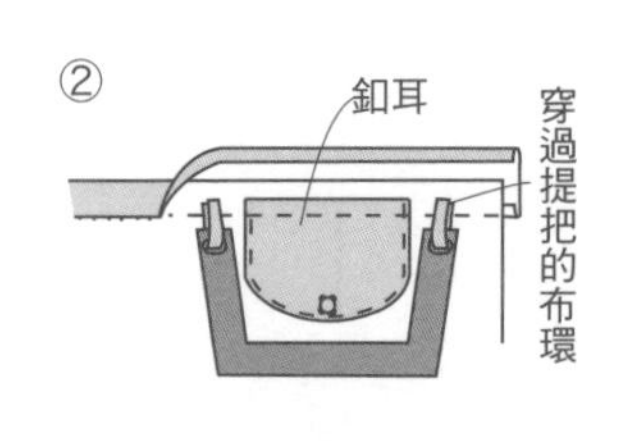

疏縫固定釦耳與布環，袋口包邊

P.5……單提把手提包

※附錄背面⑨

●尺寸及材料

拼縫、貼布繡用的各種布片　主體用布(含包邊的份量)、鋪棉、裡布(含包邊、Yo-Yo拼布、拉鍊飾物的份量)各55×45cm　長25cm的拉鍊1條　長39cm的皮製提把1組　直徑1.8cm的塑膠包釦2個　直徑0.3cm的珠子適量

●製作方法

拼縫布片，縫上貼布繡和刺繡，完成表層布的製作→重疊鋪棉、裡布後縫上壓線→從主體的底中心面對面地摺成一半，縫紉兩側→將袋口包邊，縫上拉鍊→縫上提把，在內側縫上Yo-Yo拼布。

●製作要領

・縫份的處理方法請參照第105頁A。
・提把用回針縫縫在距離側邊上端4.5cm的位置。

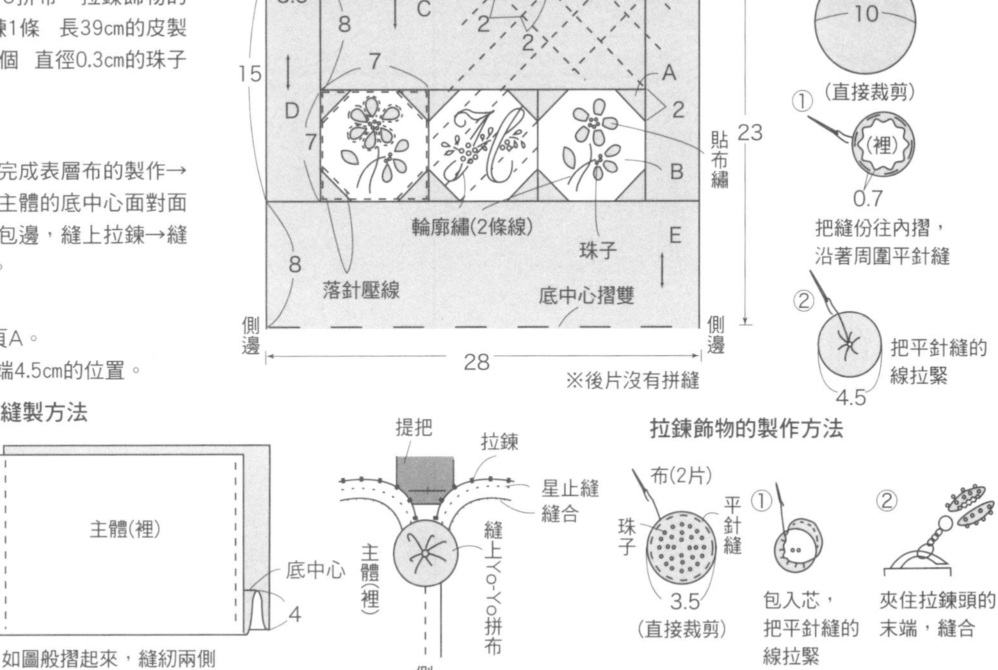

P.42……亞麻布托特包

a的實物大紙型(第103頁)

●尺寸及材料

拼縫用的各種布片　A、D用的小花圖案印花亞麻布50×35cm　B用亞麻布35×25cm　C用格子棉布50×35cm　底用褐色圓點布35×40cm(含包邊的份量)　鋪棉、裡布各85×55cm　長38cm的皮製提把1組　直徑3.5mm的珍珠6個　直徑2.5cm的花形裝飾6片　5號綠色(葉形裝飾用)、褐色刺繡線各適量

●製作方法

拼縫a，製作口袋的表層布→面對面地重疊鋪棉和裡布，縫紉袋口，翻回表面，縫上壓線→連接A～D，製作側面的表層布(此時夾入口袋一併縫合)→重疊鋪棉、裡布後縫上壓線→底也一樣縫上壓線→把側面面對面地摺起來縫成筒狀，與底面對面對齊地縫合→將袋口包邊，縫上提把→用鉤針編織葉形裝飾，和花形裝飾一起縫在口袋的袋口。

●製作要領

・側面縫份的處理方法請參照第105頁A。底的縫份做包邊處理。

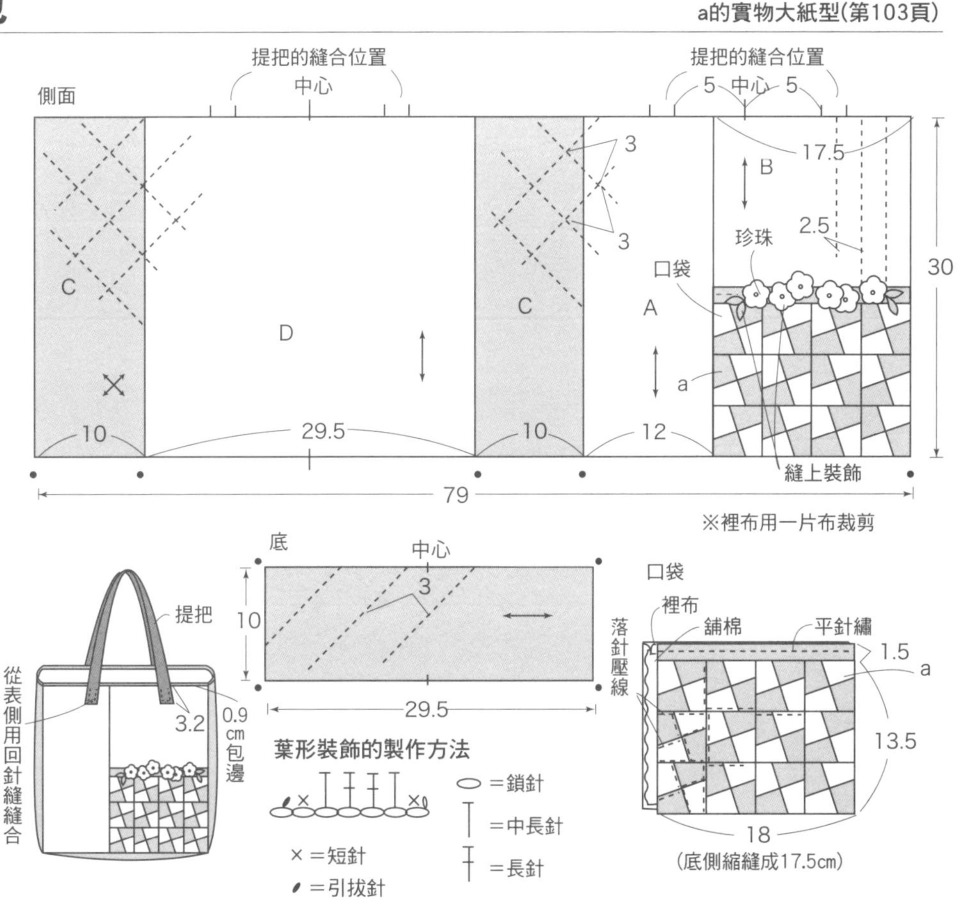

P.36………銘仙手提包

※附錄正面⑥

●尺寸及材料

A、C用黑色紬布30×130cm(含布環、貼邊的份量) B用銘仙30×85cm(含裝飾球的份量) 內袋用布65×50cm(含內口袋的份量) 鋪棉、裡布、薄紡織布型布襯各45×55cm 厚布襯45×40cm 直徑13cm的竹製提把1組 塑膠板34×6cm 手工藝棉適量

●製作方法

B燙貼薄布襯，重疊裡布、鋪棉後縫上壓線→與燙貼好厚布襯的A、C連接→將側面與內袋從底部面對面地摺起來，縫紉兩側(內袋也要縫側身)→在側面上疏縫穿過提把的布環，使內袋背對背地對齊，縫紉口部→製作並縫上裝飾球。

●製作要領

・側面、內袋口部的縫份要在弧形部分剪牙口。

・銘仙很容易裂開，所以壓線要與布的織目傾斜。

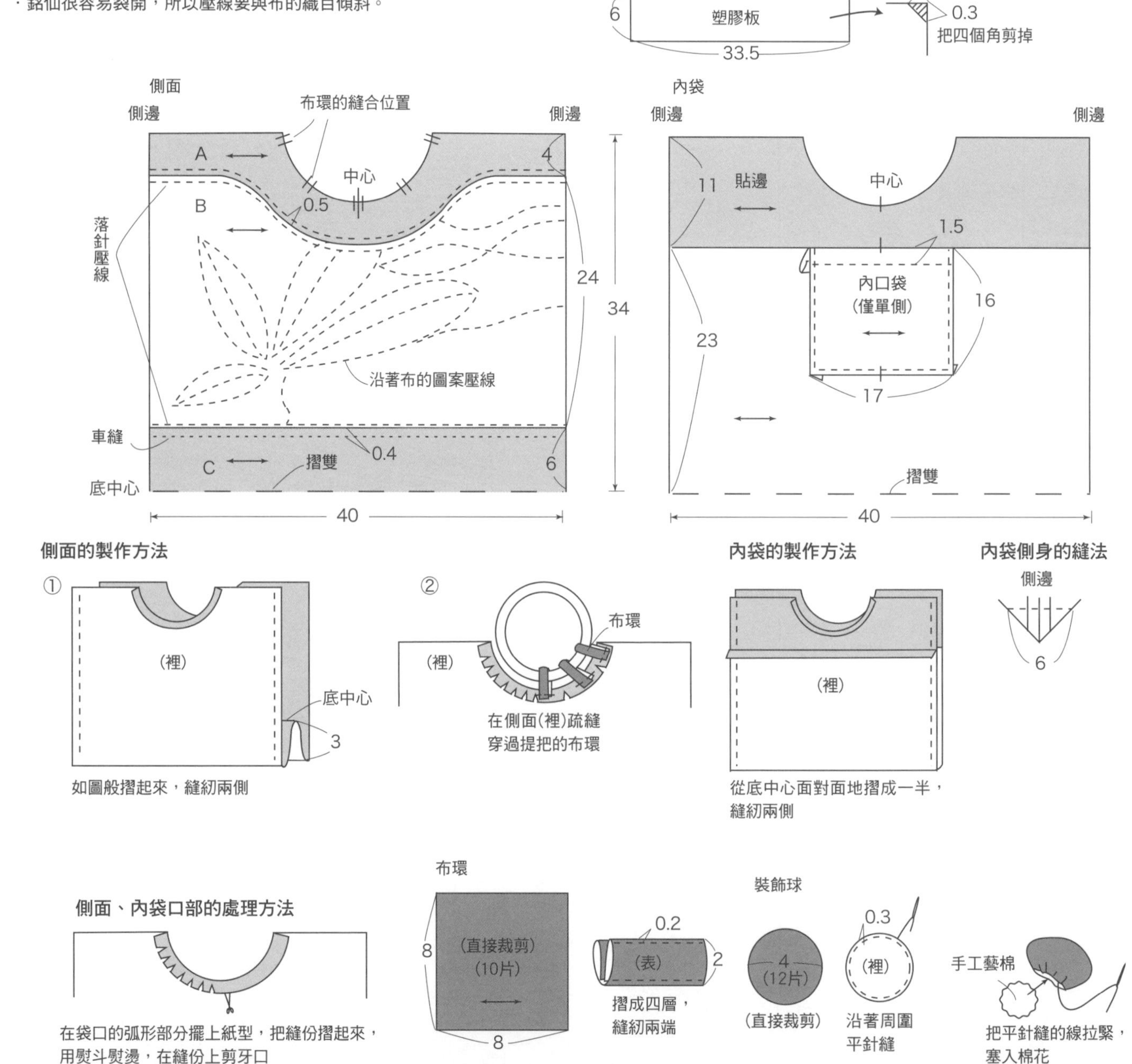

正式提包

※附錄正面⑨

●尺寸及材料

蓋子用的各種和服布布片　黑色縐子35×95cm(含蓋子、包繩、斜布條的份量)　鋪棉、裡布各55×45cm　蓋子修飾裡布25×20cm　內袋用布55×25cm　直徑0.5cm的繩子50cm　直徑1cm的繩子90cm　直徑1.4cm的磁釦1組(縫合型)　繩子裝飾用直徑1cm的鈴鐺1個　直徑0.3cm繩子10cm　絹穴線、直徑1.5mm的珠子適量

●製作方法

利用瘋狂拼布的手法製作蓋子，刺繡之後縫上珠子→與修飾裡布面對面地對齊，縫紉周圍(此時夾入包繩一併縫合)→翻回表面，將口部包邊→側面與側身重疊鋪棉、裡布後縫上壓線→縮縫側身，與側面面對面對齊地縫合→製作提把→使主體與內袋背對背地對齊，面對面對齊地擺上斜布條，縫紉口部(此時夾入提把一併縫合)→把斜布條翻回來縫合於內袋上→把蓋子縫在主體上→縫上磁釦和裝飾。

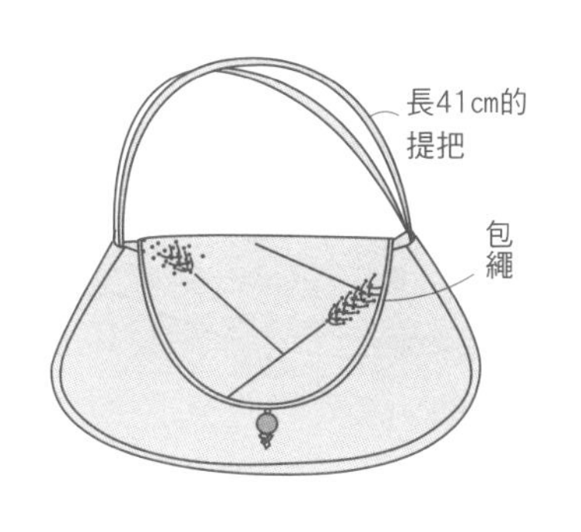

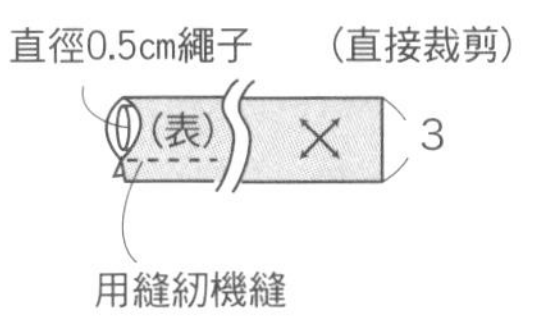

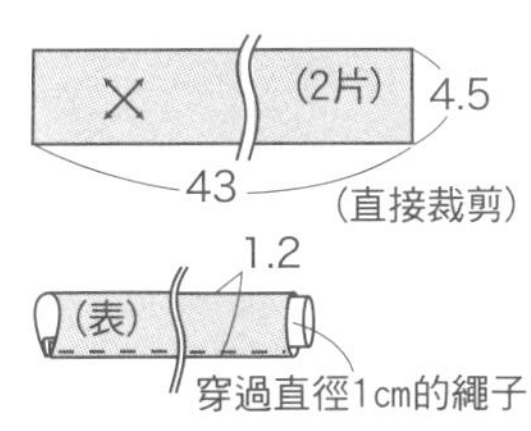

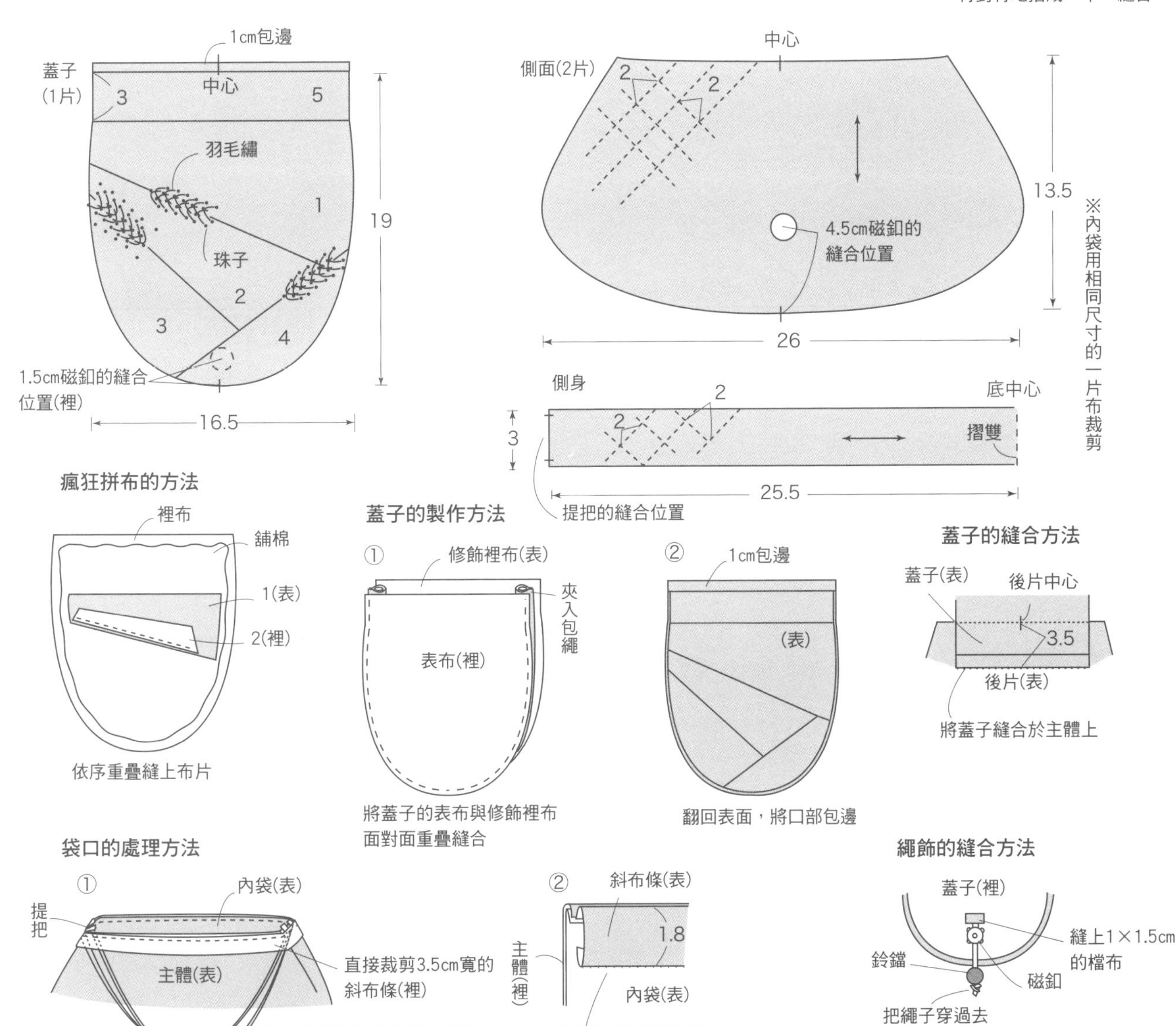

P.49……單提把手提包

※附錄背面⑫

●尺寸及材料

貼布繡用的各種羊毛布片　側面用羊毛布(含底的份量)、裡布各45×45cm　提把用布70×10cm　提把用裡布35×10cm　鋪棉50×55cm　直徑2.5cm的毛球3個　中細毛線、25號刺繡線各適量

●製作方法

在側面的底布上重疊鋪棉，沿著周圍疏縫→縫上貼布繡和刺繡→在底的表布上重疊鋪棉、裡布後縫上壓線→將側面面對面地對齊，縫紉兩端→使側面與內袋面對面地對齊，縫紉袋口，翻回表面，車縫袋口→製作並縫上提把→在提把的周圍縫毛邊繡→將側面與底面對面對齊地縫合→縫上毛球。

●製作要領

・貼布繡的毛邊繡若要用手縫，就用2條25號刺繡線來縫。

側面(2片)
後片中心
貼布繡
側邊
前中心
用縫紉機縫毛邊繡
平針繡(中細毛線1條線和2條線)
提把的縫合位置
毛球的縫合位置
底布
合印記號
19

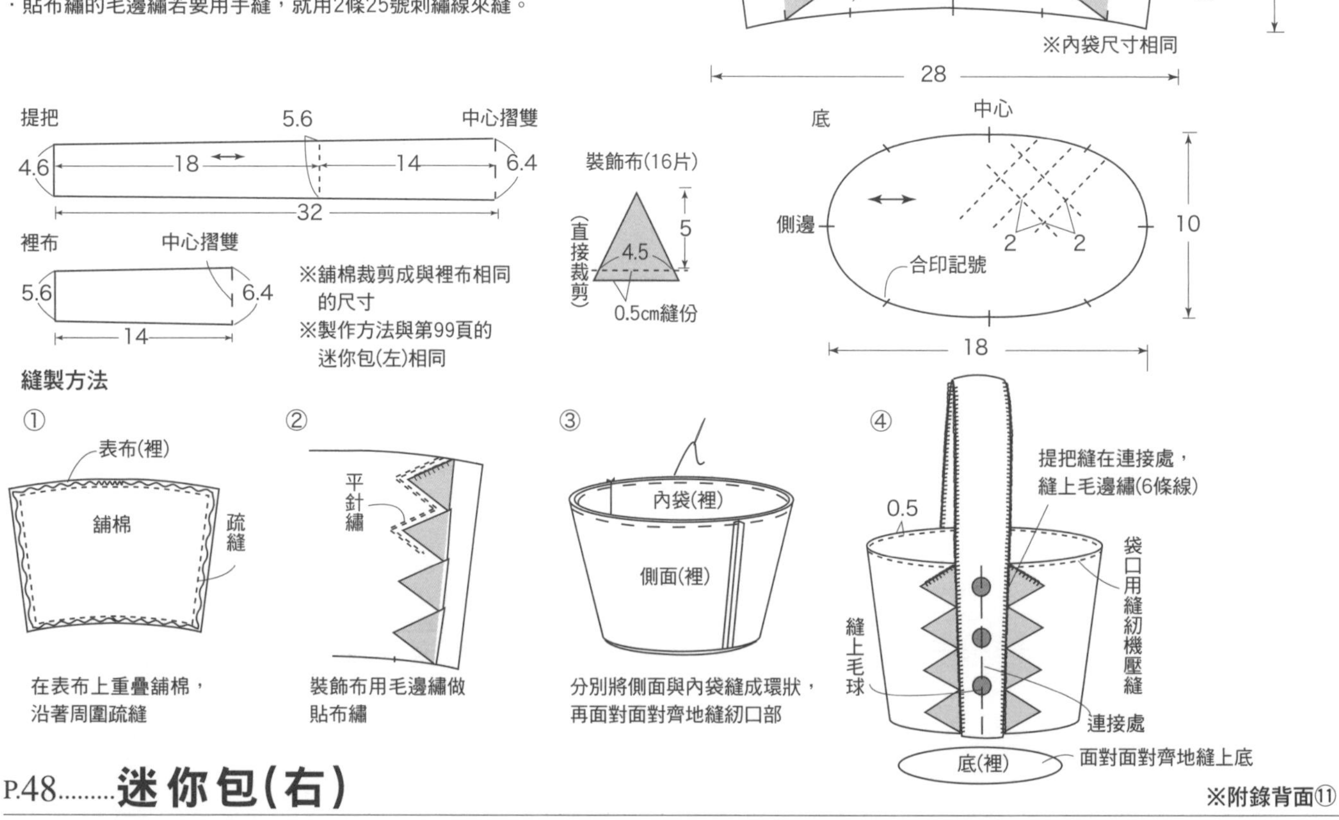

P.48……迷你包(右)

※附錄背面⑪

●尺寸及材料

包釦用的羊毛布15×15cm　側面用羊毛布5種各25×15cm　提把用表布・裡布各35×10cm　鋪棉65×35cm　內袋用布55×30cm　直徑1.8cm的塑膠包釦6個　直徑1cm的磁釦1組(縫合型)　中細毛線、25號黃色刺繡線各適量

●製作方法

用快速壓縫的手法製作表層布，前片要縫上包釦和刺繡→使前、後片面對面地對齊，縫紉兩側(內袋也依相同方法縫紉)→製作提把→使側面與內袋面對面地對齊，縫紉袋口(此時夾入提把一併縫合)→翻回表面，面對面地縫紉底部→在袋口縫毛邊繡，縫上磁釦。

●製作要領

・底的縫份做包邊處理。

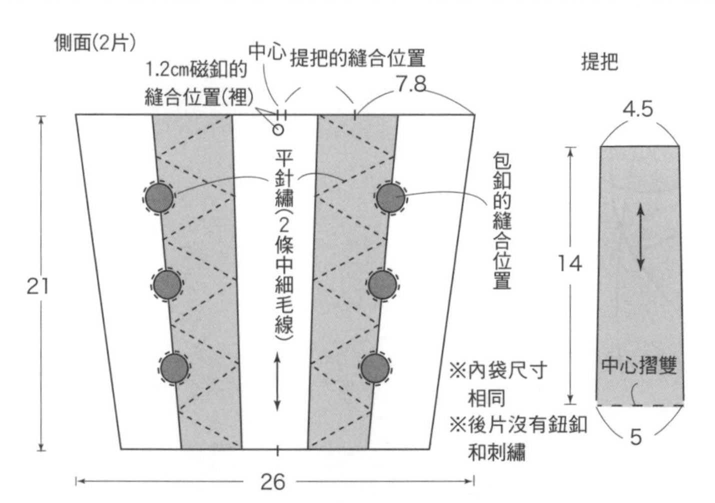

迷你包(左)

※附錄背面⑩

●尺寸及材料

包釦用的各種羊毛布片　側面用羊毛布2種各30×30cm　提把用布75×10cm　提把用裡布35×10cm　內袋用布60×30cm　鋪棉65×40cm　直徑3cm的塑膠包釦4個　長0.7cm的竹形珠子4個　直徑0.3cm的珍珠、寬0.5cm的花形珠子各1個　直徑1cm的磁釦1組(縫合型)　25號刺繡線、中細毛線各適量

●製作方法

將前片的側面重疊鋪棉，沿著周圍疏縫→縫上包釦和刺繡→使側面面對面地對齊，縫紉兩端→使側面與內袋面對面地對齊，縫紉袋口，翻回表面→製作並縫上提把→對齊中心，面對面地縫上底→縫上磁釦。

●製作要領

・側面的平針繡到中途改成釘線繡的芯。

・底的縫份做包邊處理。

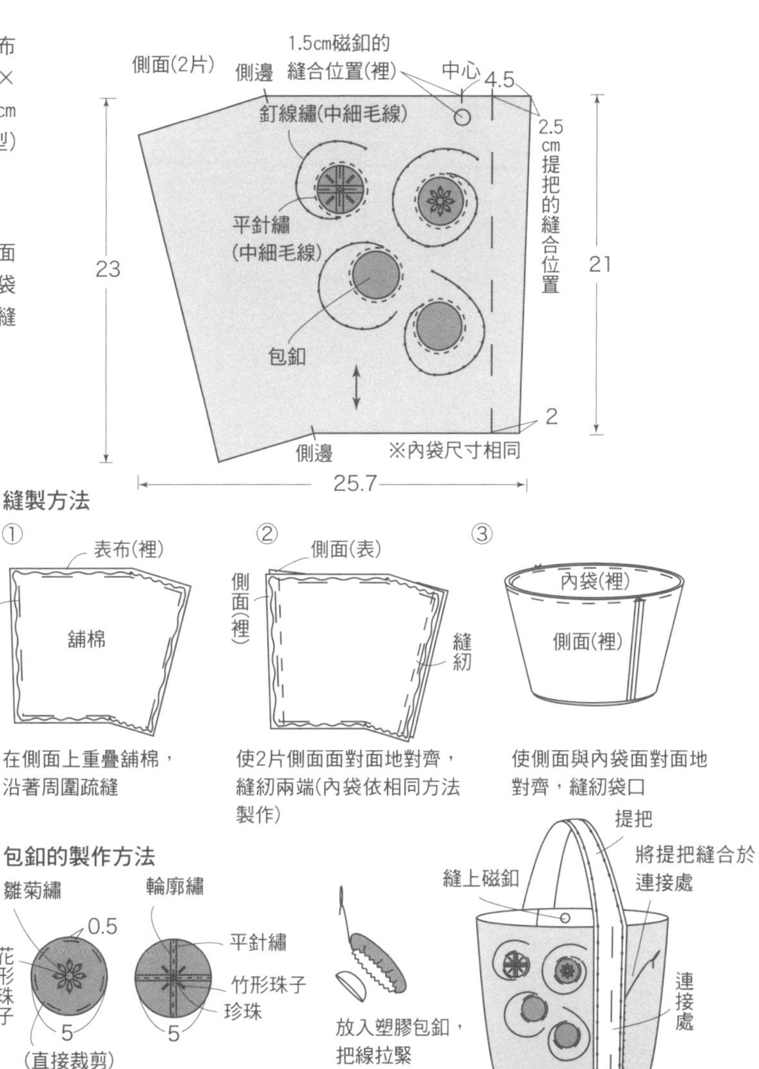

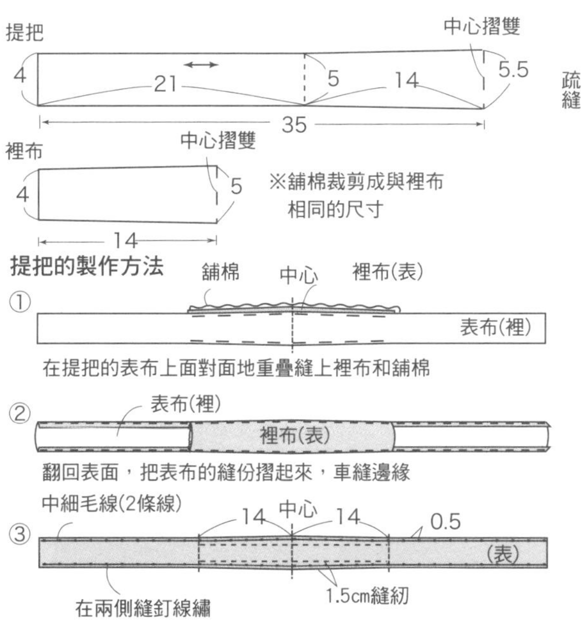

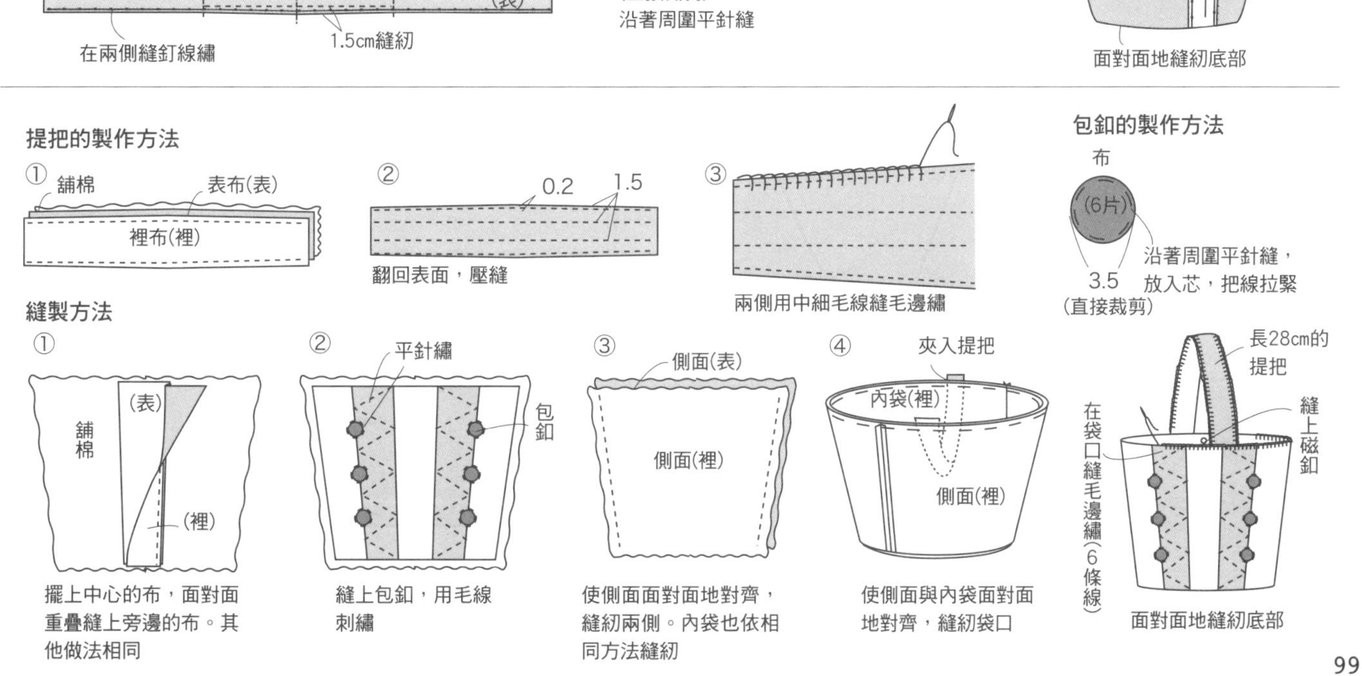

P.54………托特包

※附錄背面⑧

●尺寸及材料

拼縫用的各種布片(含蕾絲) 側身用布75×65cm(含提把用斜布條、包邊的份量) 單面有膠鋪棉、裡布、修飾裡布各60×80cm 布襯40×75cm 直徑1cm繩子45cm 直徑1.5cm的繩子1m 直徑1.5cm的鈕釦3個 珠子、竹形珠子、25號刺繡線、鋪棉各適量

●製作方法

在鋪棉、裡布上做瘋狂拼布，縫上刺繡和珠子後縫上壓線完成側面的製作→側身的表布重疊鋪棉、裡布後縫上壓線→與修飾裡布面對面地對齊，縫紉口部，翻回表面，車縫袋口→側面重疊裡布，與側身背對背地重疊，包邊→將袋口的弧形部分包邊→邊將袋口包邊，邊做成提把。

●製作要領

・瘋狂拼布的方法請參照斜背包的製作方法。
・壓線請參考構成圖自由縫製。
・蕾絲布片要再重疊緞布。
・側面的修飾裡布要燙貼布襯。
・刺繡、珠子的縫法請參照實物大紙型。

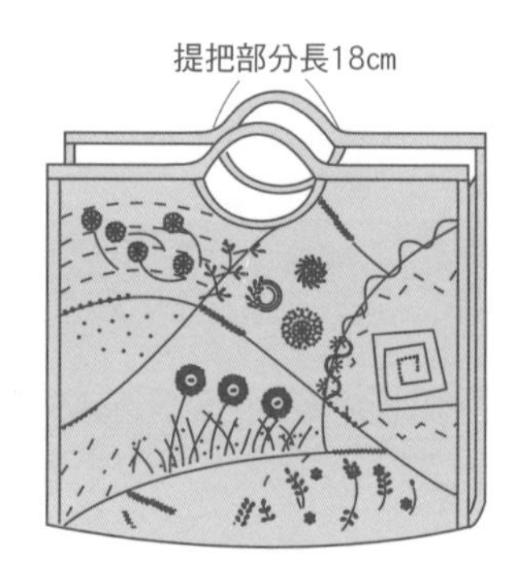

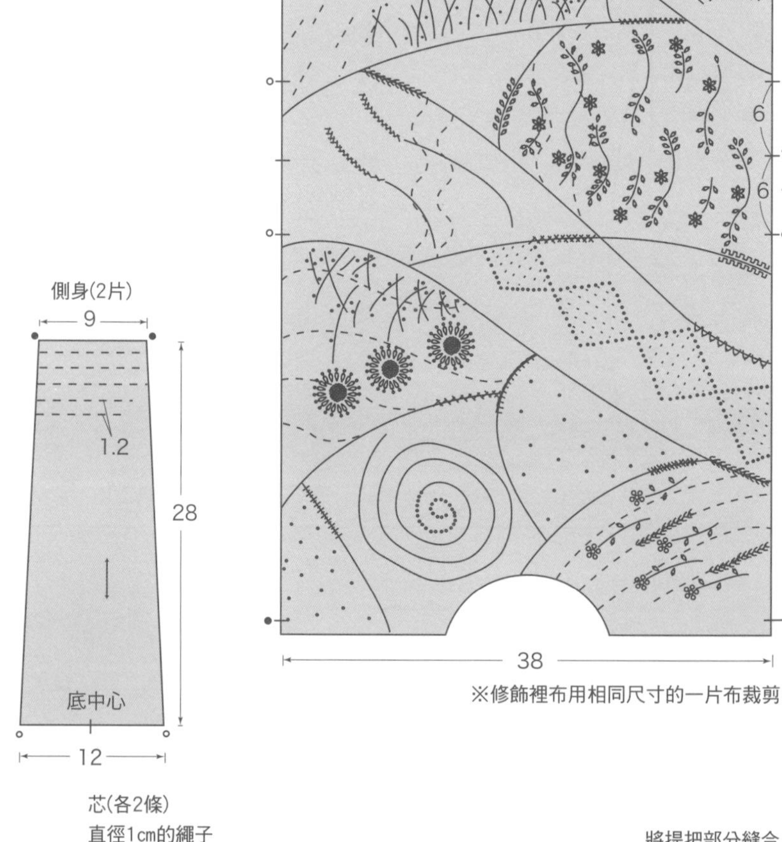

※修飾裡布用相同尺寸的一片布裁剪

側身的製作方法

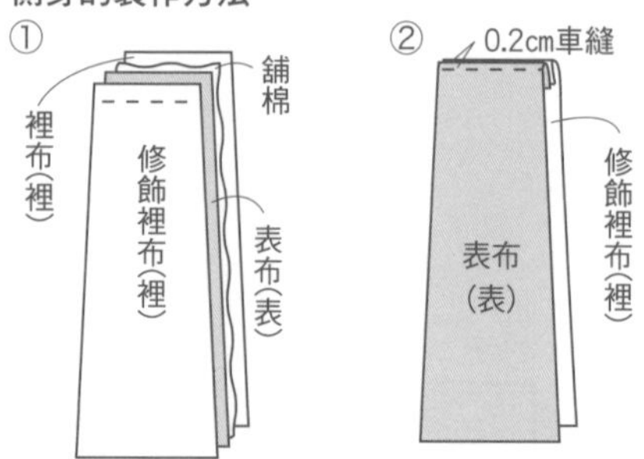

使縫好壓線的側身與修飾裡布面對面地對齊，縫紉口部

翻回表面，車縫袋口

芯(各2條)
直徑1cm的繩子 20
直徑1.5cm的繩子 50

繩子用鋪棉包住縫起來

將提把部分縫合

縫製方法

① 側面(表) (裡) 側身(表) 1cm包邊

把側面與側身背對背對齊地縫合，將縫份包邊

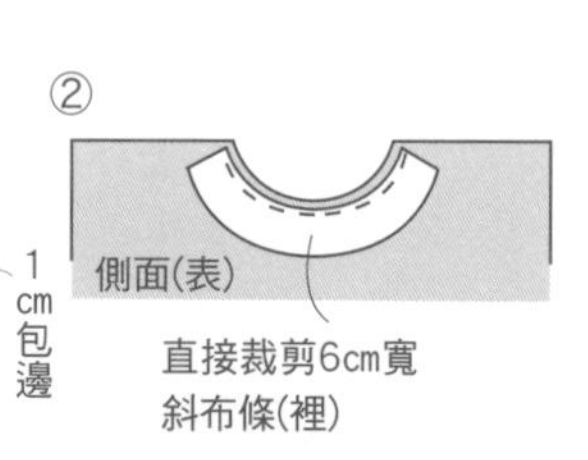

在袋口的弧形部分面對面對齊地縫上斜布條

用斜布條包住直徑1cm的芯，縫在修飾裡布上

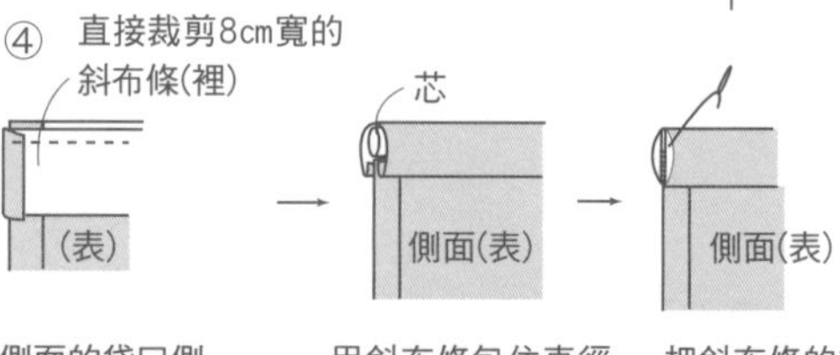

在側面的袋口側重疊縫上斜布條

用斜布條包住直徑1.5cm的芯，縫在內袋上

把斜布條的末端縫合

P.55……蕾絲斜背包

※附錄正面⑫

●尺寸及材料

拼縫用的各種蕾絲布片　後片用布50×30cm(含側身、蓋子修飾裡布的份量)　單面有膠鋪棉65×40cm　修飾裡布、布襯各55×30cm　直徑1.3cm的磁釦1組　寬0.4cm的平織帶5.5m　寬5cm的蕾絲15cm　寬1.8cm的蕾絲45cm　寬1.3cm的蕾絲25cm　珍珠、珠子、長0.6cm的竹形珠子各適量

●製作方法

將鋪棉與裡布重疊，做瘋狂拼布，縫上蕾絲和珠子做成前片→與修飾裡布面對面地對齊，縫合翻口以外的周圍，翻回表面，將翻口縫合→蓋子也依相同方法製作→後片重疊鋪棉、裡布後縫上壓線→在後片上面對面地對齊蓋子和修飾裡布，縫紉周圍，翻回表面，將翻口縫合→側身也依相同方法製作→將側面與側身面對面對齊地縫合→縮縫側身的口側，在內側縫上做成三股編的布條。

●製作要領

- 修飾裡布要燙貼布襯。
- 磁釦在作品縫合成型之前先縫在蓋子的裡布及前片的表布上。
- 前片口側的弧形先與修飾裡布對齊縫好，然後在縫份上剪牙口。

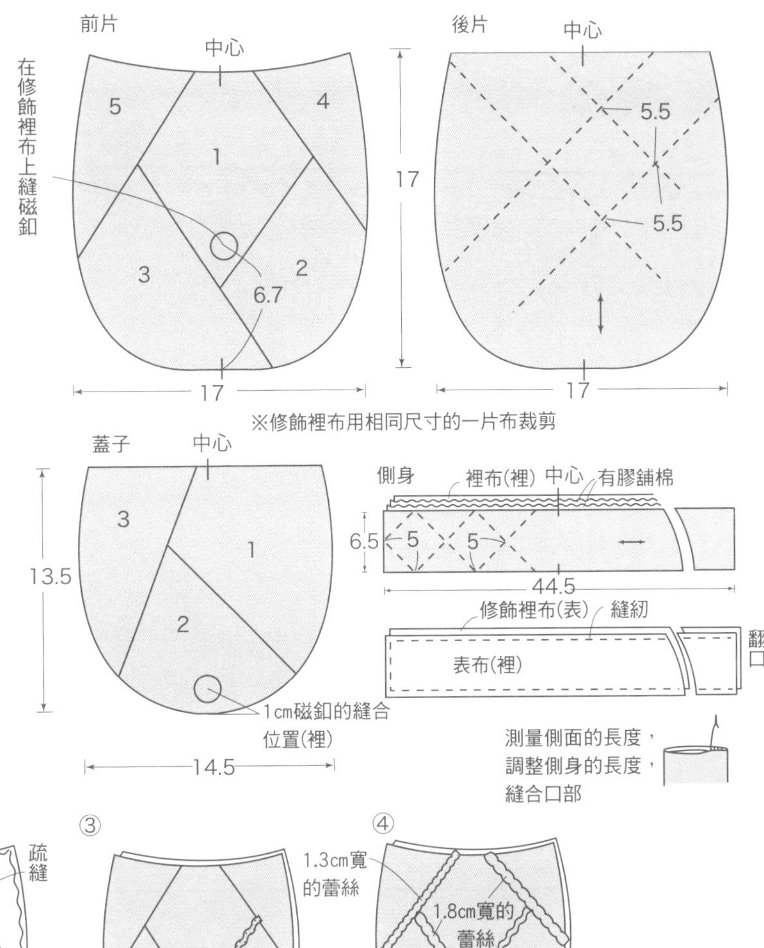

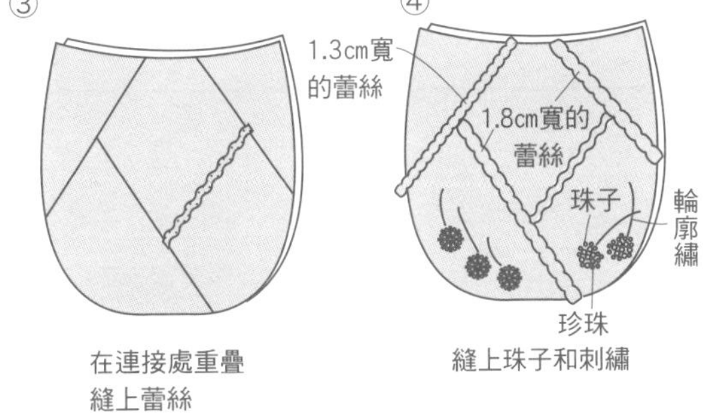

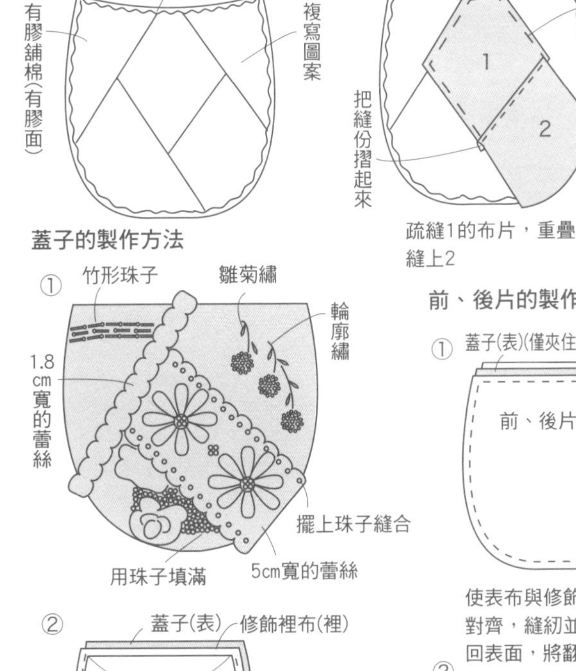

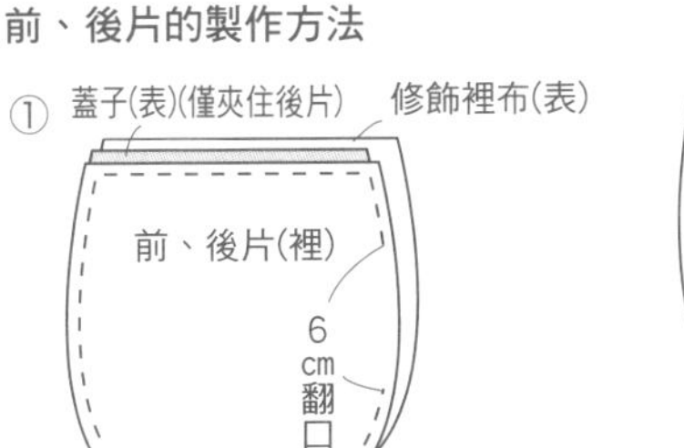

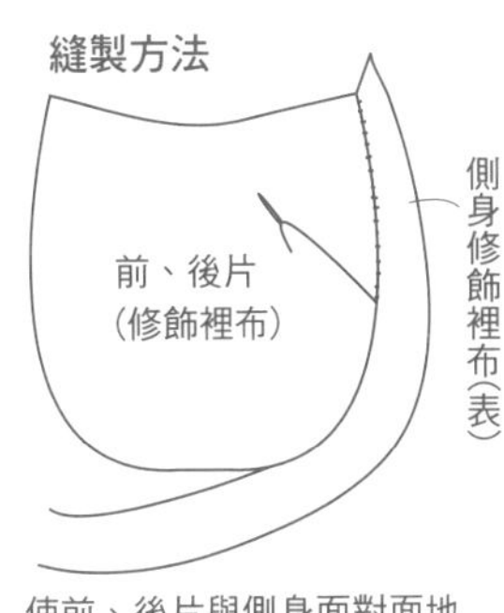

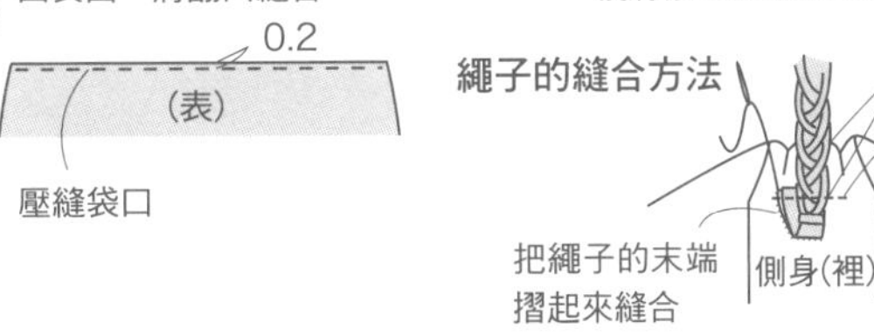

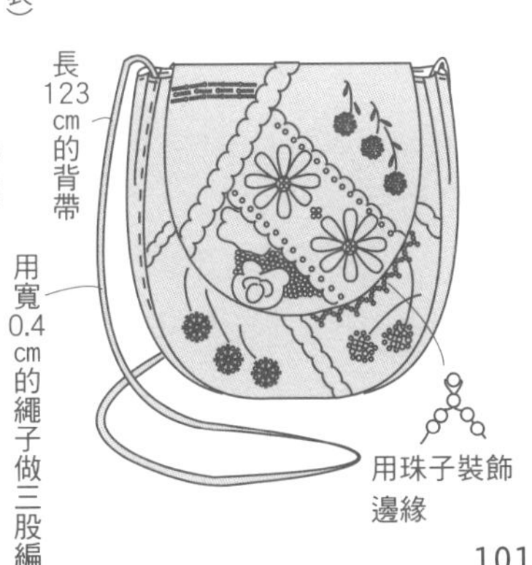

P.43.........口袋提包

※附錄背面②

●尺寸及材料

拼縫用的各種布片(含包邊、緞帶的份量) 主體用亞麻布110×30cm 鋪棉、裡布各110×55cm 寬1.5cm的皮帶50cm 直徑1.5cm的子母釦2組 5號米白色刺繡線適量

●製作方法

將布片拼縫成蓋子的表層布，縫上刺繡→重疊鋪棉、裡布後縫上壓線，將周圍包邊→側面也一樣縫上壓線，將口袋口包邊→側面從底中心面對面地摺起來，縫紉兩側，做成口袋→把蓋子縫在主體上→縫上提把→縫紉固定主體的兩側，縫上緞帶→縫上子母釦。

●製作要領

・蓋子包邊的角縫成像是畫框的模樣(請參照第105頁)。

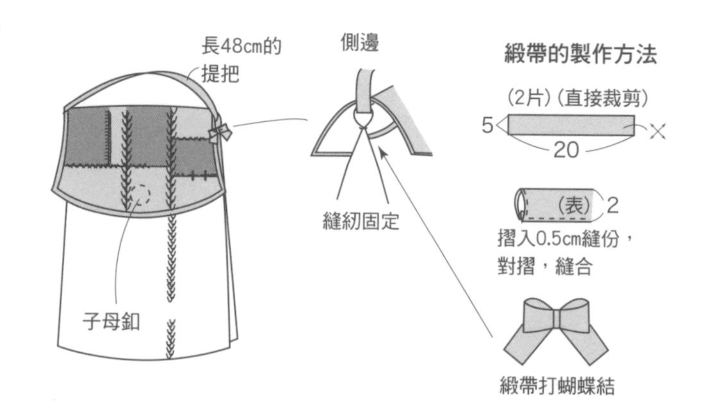

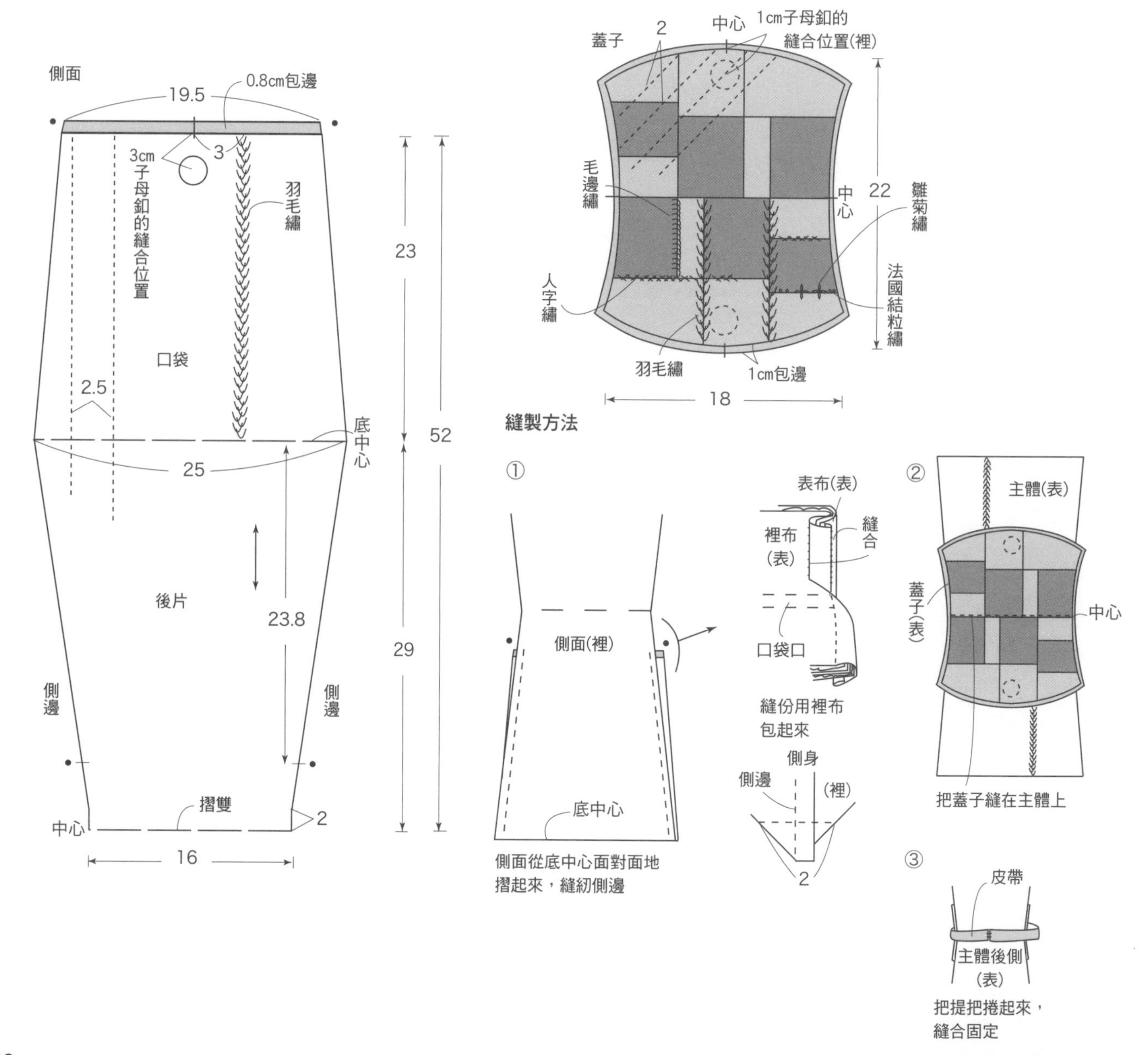

用裝飾帶和刺繡裝飾的手提包

※附錄正面⑮

●尺寸及材料

拼縫、貼布繡用的各種布片　綠色素布(含貼邊、布環的份量)　內袋用布各70×30cm　鋪棉、裡布各70×40cm　布襯15×30cm　寬1.2cm裝飾帶60cm　寬1.5cm的裝飾帶20cm　寬0.7cm的裝飾帶50cm　長40cm附D形環的皮製提把1組　直徑2.3cm磁釦1組(縫合型)　絹穴線適量

●製作方法

拼縫布片，縫上貼布繡，完成側面的表層布→與鋪棉、裡布重疊後縫上壓線→縫上刺繡和裝飾帶→側身也一樣縫上壓線→縫上貼邊，製作內袋→將側面與側身面對面對齊地縫合→使主體與內袋面對面地對齊，縫紉口部，翻回表面(此時夾入穿過提把的布環一併縫合)→縫合翻口，車縫袋口，縫上磁釦。

●製作要領

・貼邊的磁釦縫合位置要燙貼兩層布襯補強。

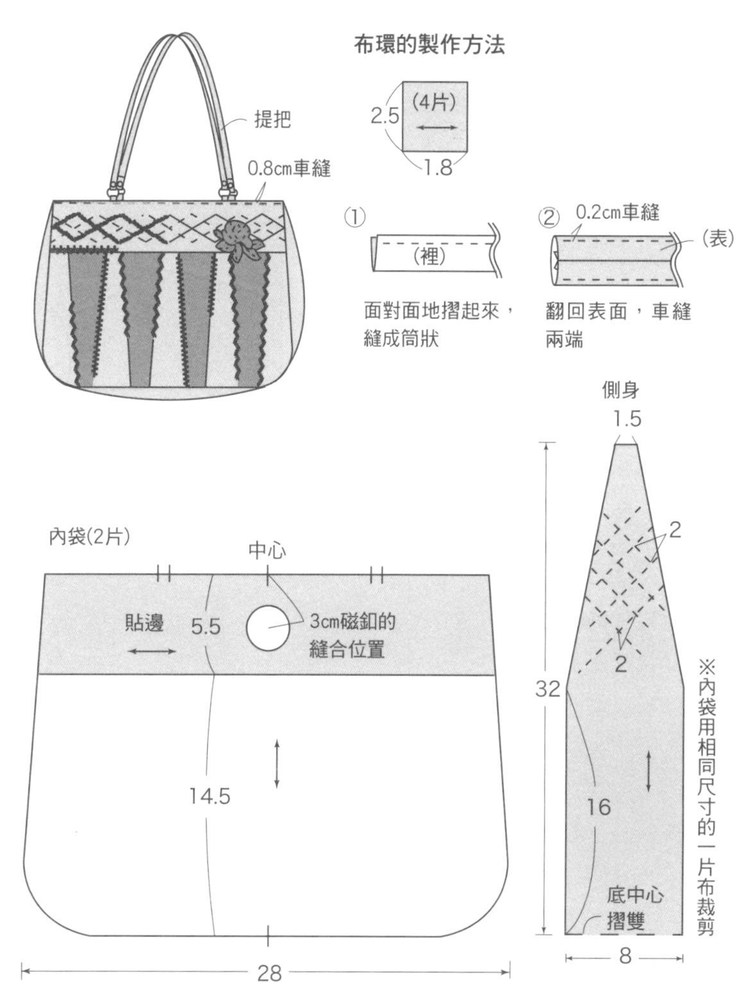

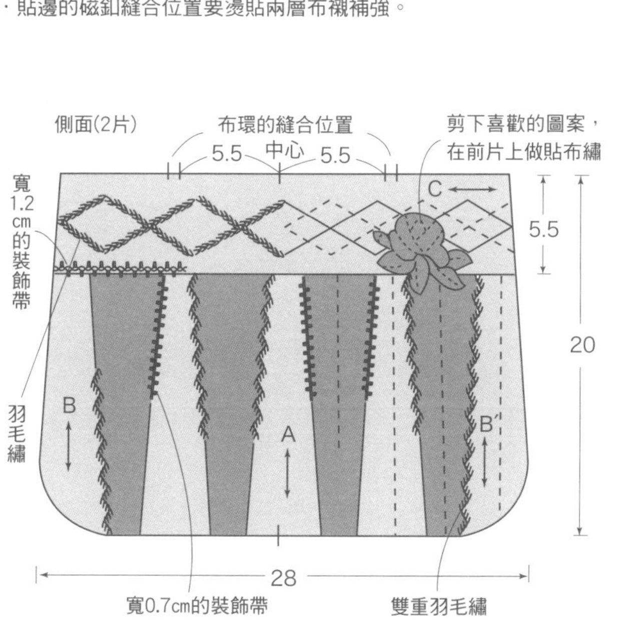

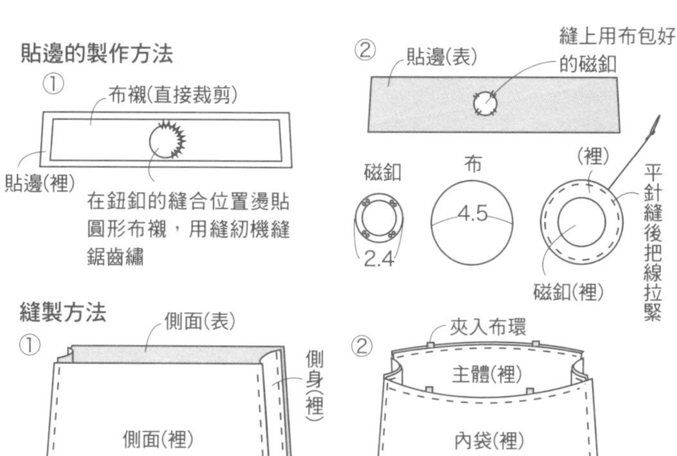

第94、95頁的實物大紙型

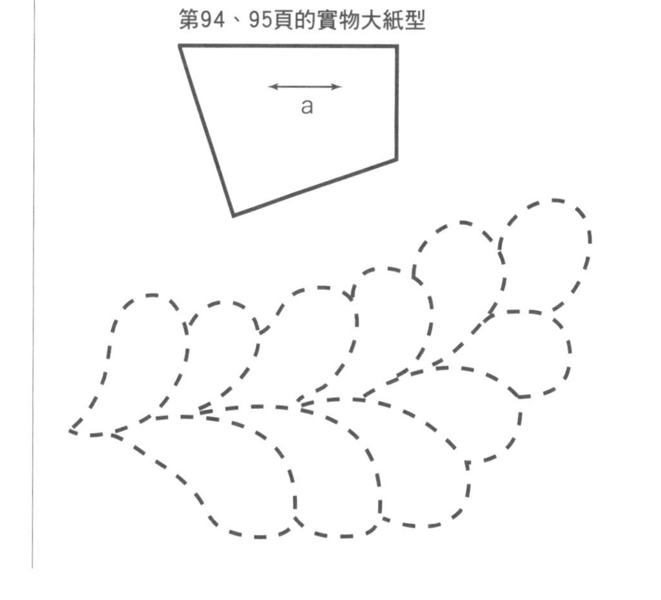

拼布的基本技巧

布料和紙型的預先準備、布片和貼布的縫法、
壓線的方法和周圍縫份的處理等，拼布有幾個必須要記住的基本技巧。
如果記住了這些技巧，即使是初次接觸的人也能很順利地製作作品。

■過水

買回來的布料在使用前要先用水洗過，這個動作稱為「過水」，是作品製作前的基本作業。布料一旦含有水份便會收縮，而且收縮的情形會因布料的不同而異。若不先行過水就使用布料的話，做好以後再洗或什麼的，就會皺掉或歪掉。另外，過水還有使歪斜的布目變整齊的意思。千萬別忘了布料在使用之前一定要先過水。但是像毛織物等不太會用水洗的布料，就要用噴霧器將整片布料噴濕，然後裝入黑色的塑膠袋中，在陽光下放置數個小時。這麼做具有和過水相同的效果，布目會變得整齊。

■布紋

橫紋布
斜布條
直紋布
斜紋布
布邊

紙型中的箭頭符號即為「布紋」。所謂布紋就是指布料的縱橫織目。如果布紋在縱橫方向都正確無誤地交織的話，布料就不會歪斜。拼布時，將畫在各布片上的箭頭符號對齊布紋的縱向或橫向進行裁剪。相反地布紋和箭頭符號不對齊裁剪的話，就會變成斜紋布。斜紋布的布料會有適度的伸縮性，適合用做貼布的布片及斜布條。

■製作紙型與畫記號線

紙型

紙型薄的不好用，請準備堅固耐用的。將自己製圖的紙型，或是從書本上複製下來的紙型貼在厚紙板上使它變厚，用剪刀或裁剪用具沿著線剪下來。各紙型上務必要畫上布紋及對齊記號。把布片的片數也寫上會更方便。

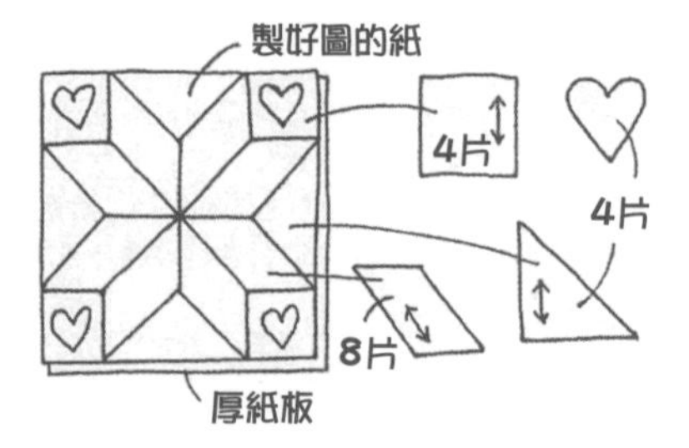

作記號與布片

將紙型放在布料上，以2B鉛筆畫上記號。普通的布片畫在背面，貼布用的布片畫在布料的正面。縫份留0.7cm(貼布用布片留0.3~0.5cm)左右即可，一邊目測一邊裁剪也OK。剪下來的布料就叫做「piece(布片)」，將布片和布片接在一起就叫做「Pieceing(拼縫)」。

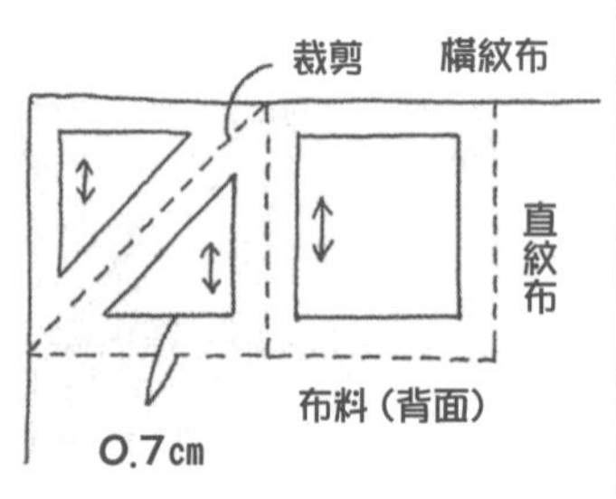

■珠針的固定方式

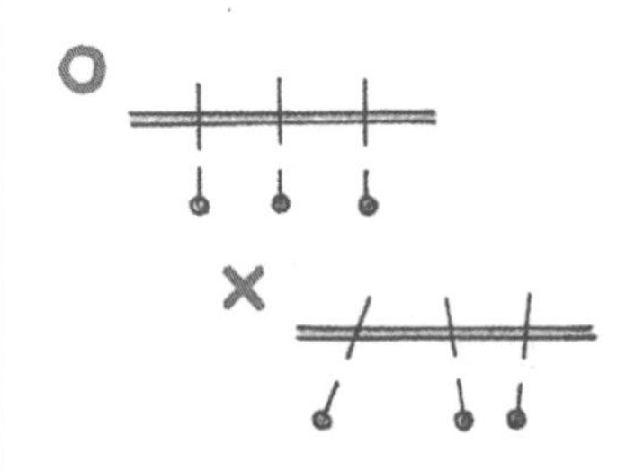

在縫紉布片時用珠針做固定的工作是很重要的。拼布工作就是將2片布片正面相對、記號對著記號地重疊起來，依照兩端的記號到中間的順序來固定。貼布用的布片則將布片放在底布上，用珠針密集地固定。不論是哪一種情形，若珠針插得歪斜就可能導致偏移，所以一定要對齊完成線垂直地插好。

■拼縫的基礎

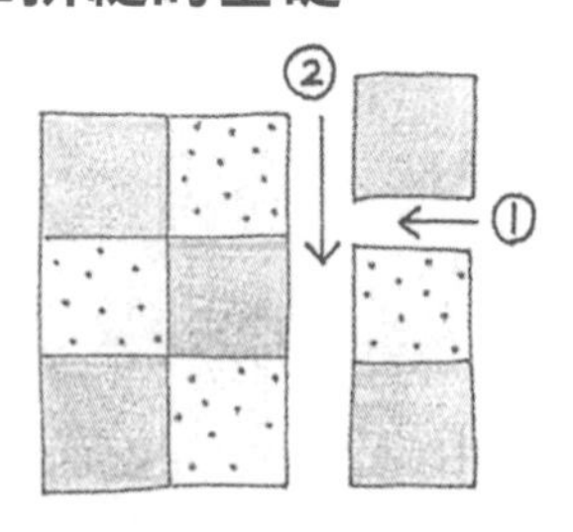

分割縫法

用來連接四角形圖案等時的縫法。布片由布端連接到布端，縫好數個小塊再將全部組合起來。

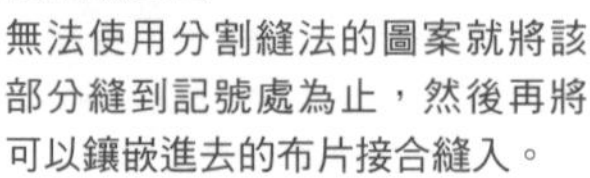
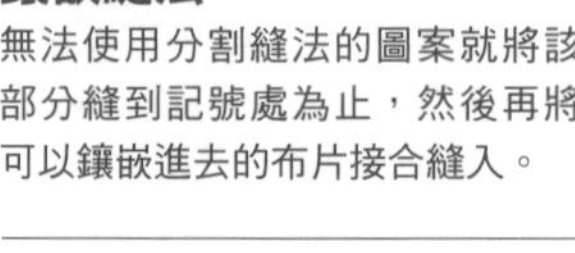

鑲嵌縫法

無法使用分割縫法的圖案就將該部分縫到記號處為止，然後再將可以鑲嵌進去的布片接合縫入。

■球結的打法

球結

用線纏繞針尖2~3次，以姆指壓著線捲的部分，同時將針往上抽出。

■縫紉方法的基礎

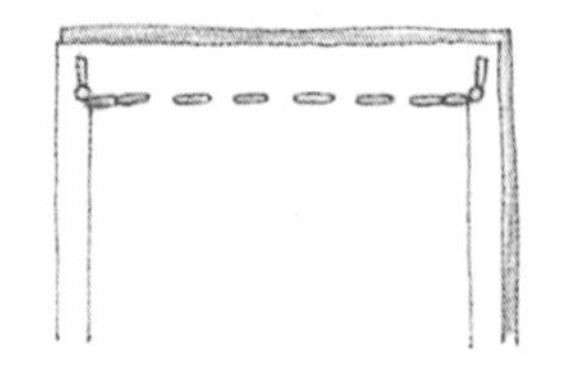

由記號縫至記號

由記號縫至記號。使用鑲嵌縫法縫合兩端(參照右上)時就使用此種方法。

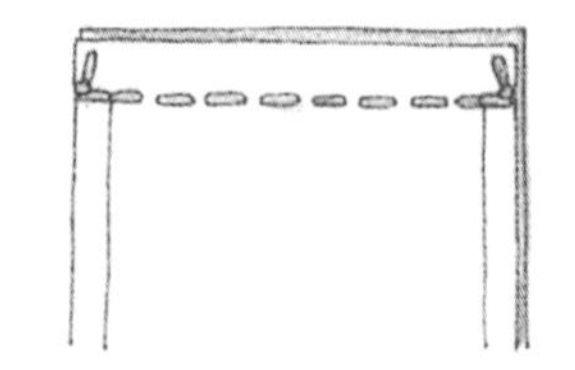

由布端縫至布端

以分割縫法(參照上方)縫合兩端時，就從布端縫至布端。兩端部分各用一針回針縫。

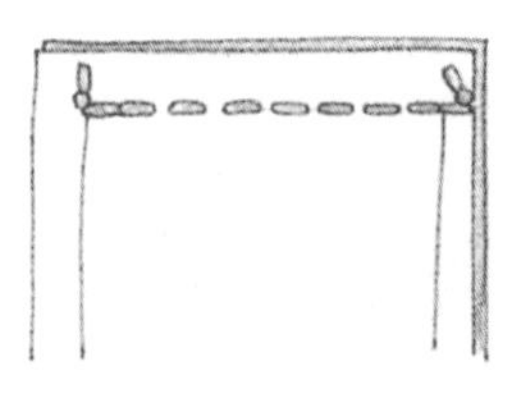

由布端縫至記號

只從其中一端用鑲嵌縫法縫紉時，就只縫到鑲嵌側的記號處為止。

■斜布條的做法

雖然市售的斜布條也很好用，但是用自己喜歡的布料來做會更漂亮。斜布條的做法有2種。只需要少量時就用「先裁剪再縫合」，要大量使用的時候就用「先縫合再裁剪」的方法製作。

先裁剪再縫合

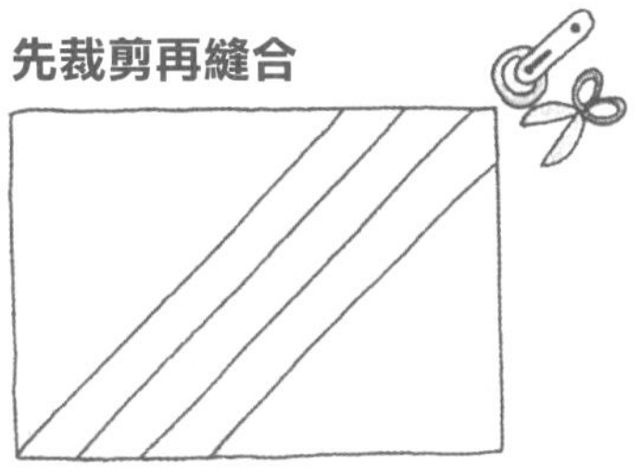

裁剪長約20~30cm的布料，以45度的角度裁剪出所需的寬度。

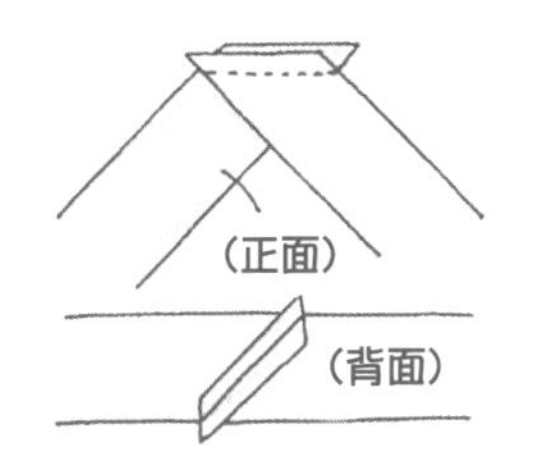

長度不足時就將相同的布條連接起來使用。要攤開縫份。

先縫合再裁剪

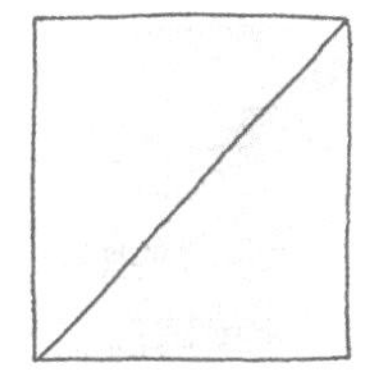

將布料裁成正方形，畫出45°的對角線並裁剪開來。

使裁好的布料正面相對如圖般重疊起來並縫合。建議使用縫紉機。

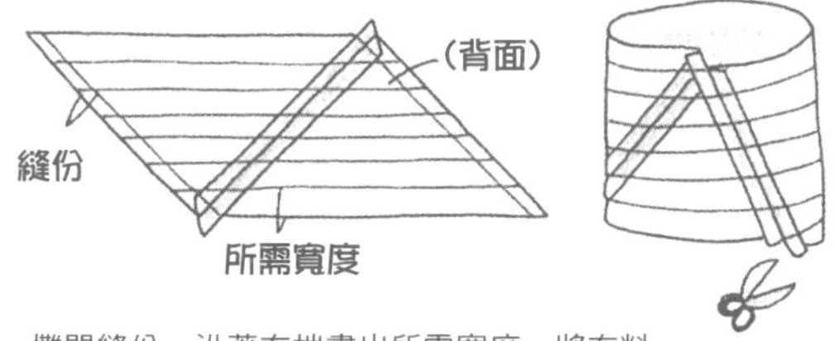

攤開縫份，沿著布端畫出所需寬度，將布料的一端與另一端錯開一格記號，重疊並縫合後用剪刀裁剪。

■包邊的方法

框架邊緣的包邊

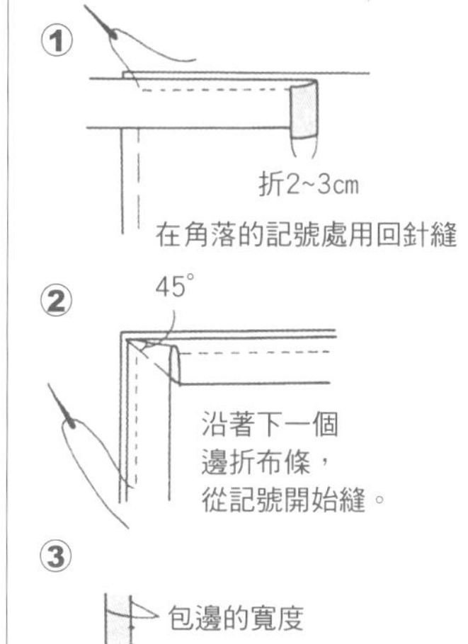

■疏縫

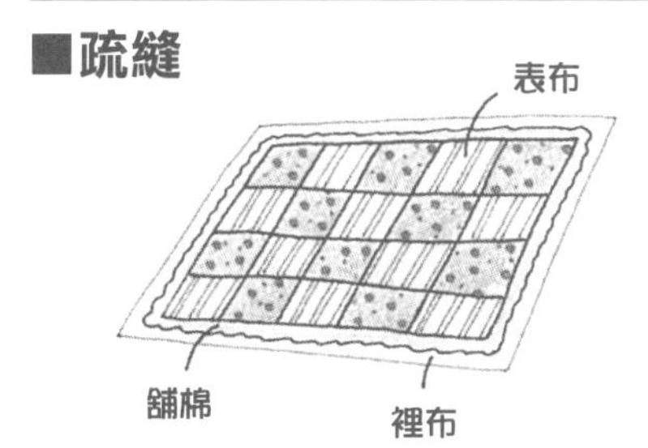

疏縫前的準備

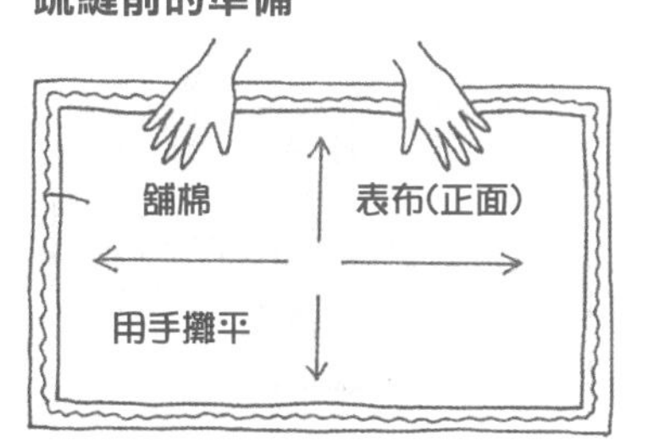

按照裡布、鋪棉、表布的順序重疊好，從上面用手把整個均勻地攤平。

疏縫的方法

基本為由中心向外側以放射狀疏縫。

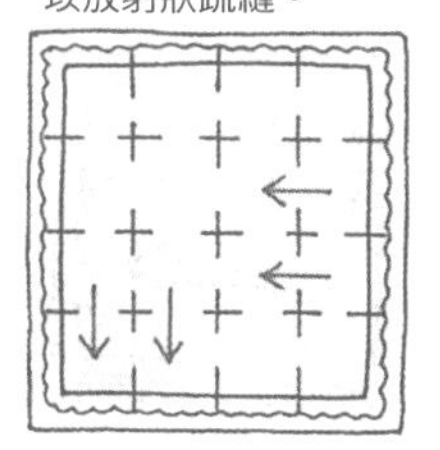

小物品時用格子狀的縫法也OK。

■壓線時的做法

第一針從外面開始入針，把線結拉到鋪棉裡面。縫一針回針再開始縫紉，結束時也一樣要縫一針回針，將線結隱藏到中心內。

用繡框撐開會繡得比較漂亮。不要撐得很緊繃，要留一個拳頭左右的鬆弛度。

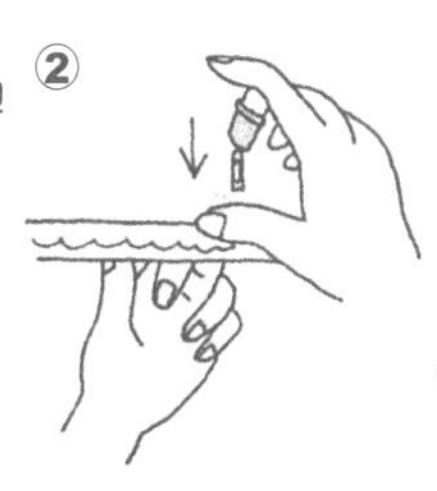

頂針器套在兩手的中指上。用好用的頂針器來推壓針頭，直直地刺穿到下面。

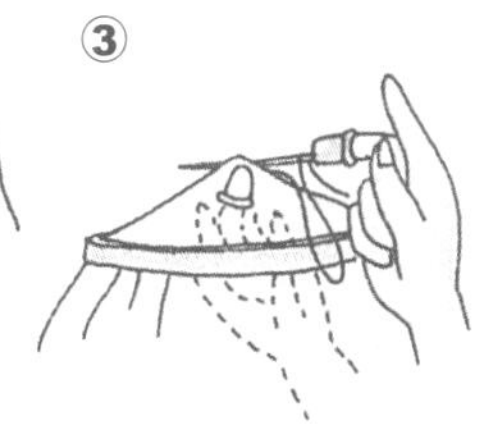

用底下的頂針器來承接針尖，接著再從底下向上穿透3層。針目要盡量對齊。

■縫份的處理方法

A 以裡布做處理

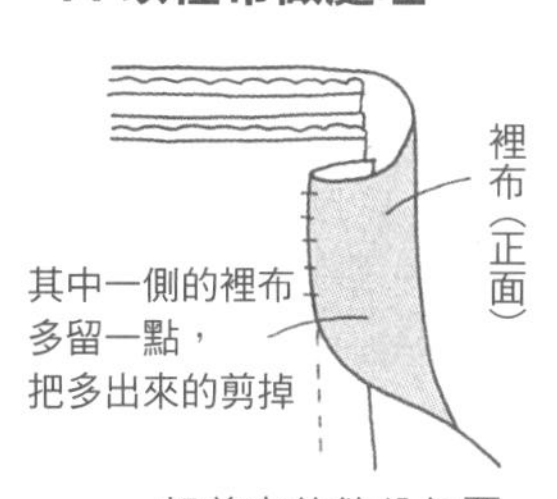

把剪齊的縫份包覆起來，將裁剩的裡布向內側折入，用立針縫法細縫。

B 對齊縫合

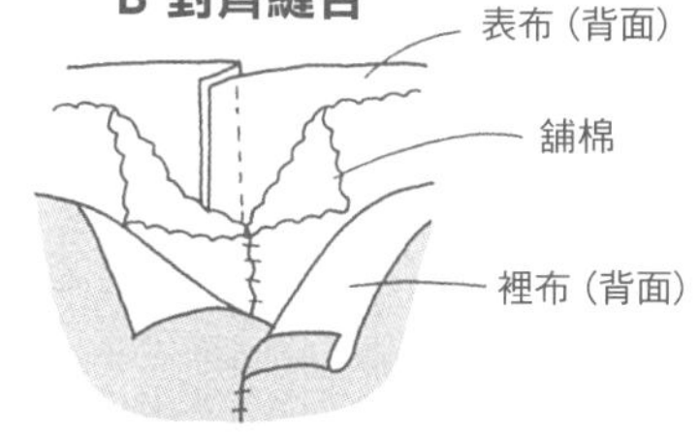

邊緣的壓線部分在縫製時要留下3~5cm。只有表布正面相對地接起來並讓縫份倒向一側，將鋪棉對齊縫上，並將裡布縫合收邊。

■各式各樣的縫紉方法

平針縫

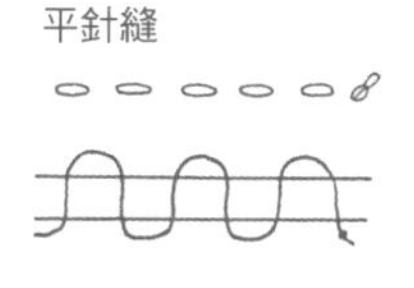

回針縫

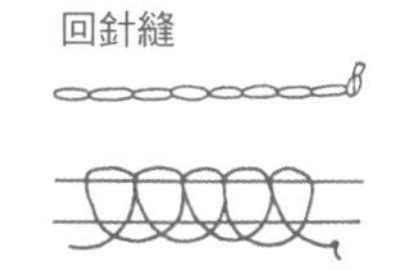

立針縫

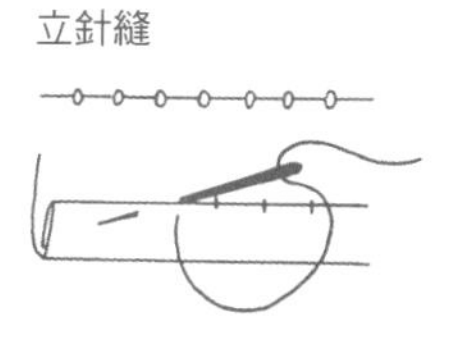

星止縫

捲針縫

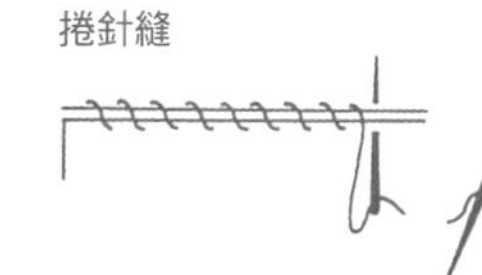

藏針縫

交互挑取兩側布的摺彎處。

挑布時要使布端平行。

刺繡針法

輪廓繡

克里特繡

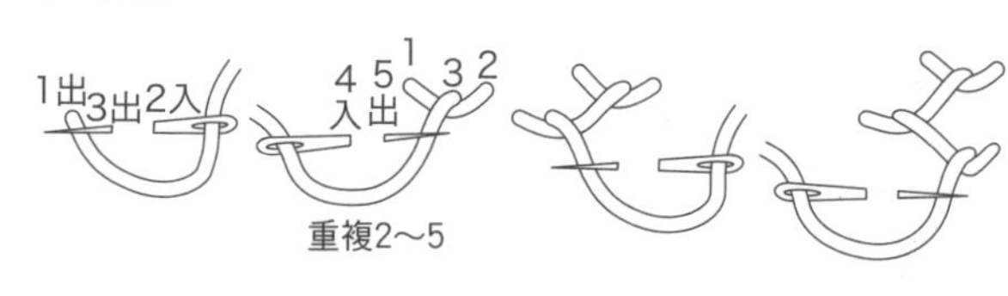

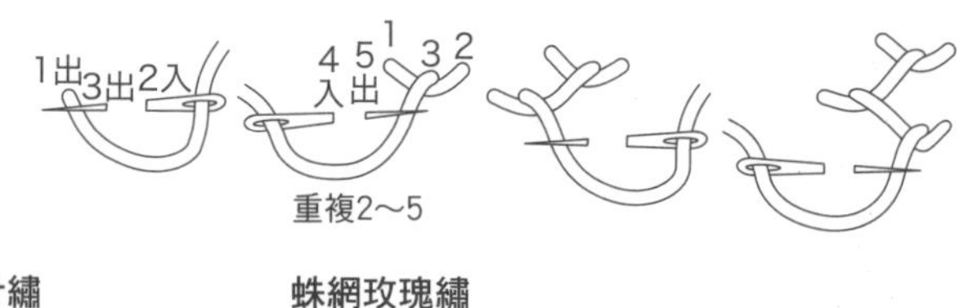

十字繡

釘線繡

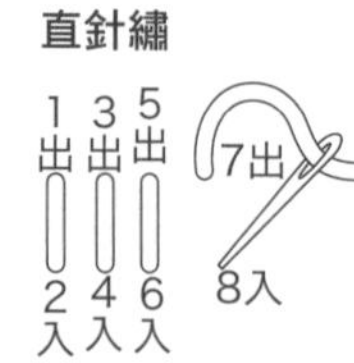

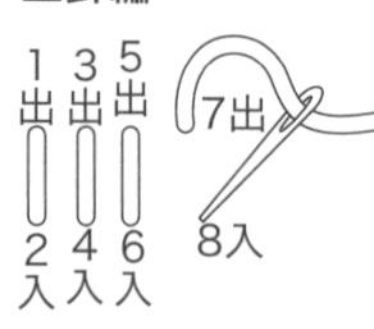

直針繡

蛛網玫瑰繡

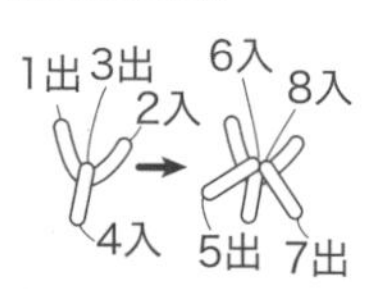

①如圖般用刺繡線在底布上渡線，做出5隻腳。

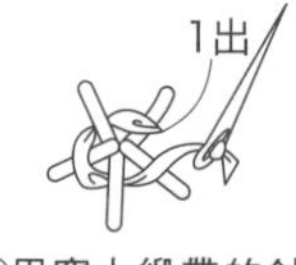

②用穿上緞帶的針從底布的裡側出針(1 出)。交錯穿過①的腳。

③重複②，使緞帶完全覆蓋住刺繡線的腳。

鎖鏈繡

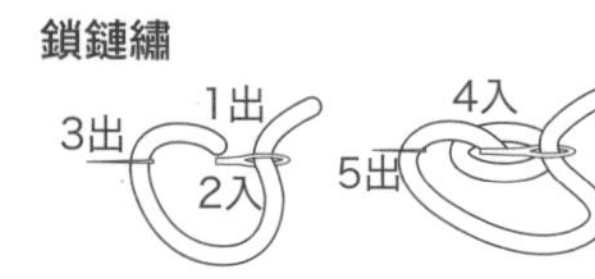

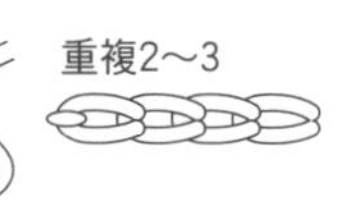

回針繡

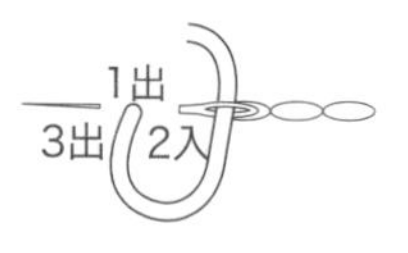

捆線繡

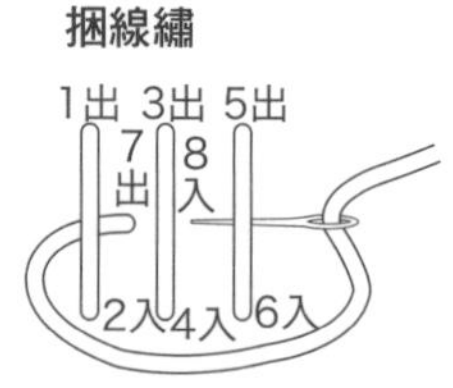

毛邊繡

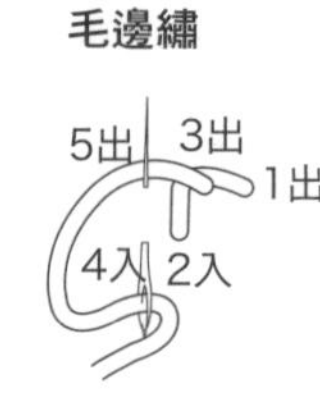

羽毛繡

雙重羽毛繡

飛形繡

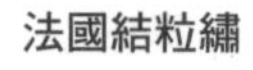

法國結粒繡

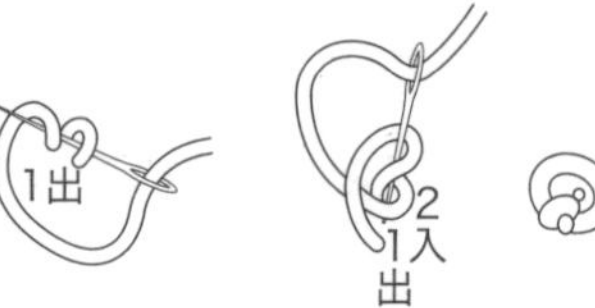

人字繡

平針繡

雛菊繡

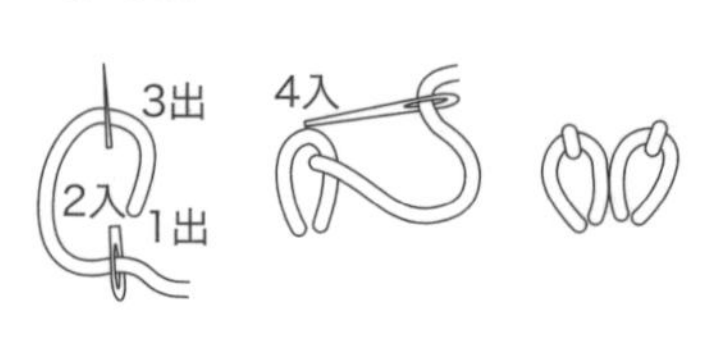

出　　版／楓書坊文化出版社
地　　址／台北縣板橋市信義路163巷3號10樓
郵政劃撥／19907596 楓書坊文化出版社
網　　址／www.maplebook.com.tw
電　　話／(02)2957-6096
傳　　真／(02)2957-6435
編　　集／關口尚美
翻　　譯／潘舒婧

總 經 銷／貿騰發賣股份有限公司
地　　址／台北縣中和市中正路880號14樓
網　　址／www.namode.com
電　　話／(02)8227-5988
傳　　真／(02)8227-5989
港澳經銷／泛華發行代理有限公司
定　　價／320元
初版日期／2008年11月

國家圖書館出版品預行編目資料

用喜愛的布料做拼布手提包/ 關口尚美 編集；潘舒婧 譯,- -初版.- - 臺北縣板橋市：楓書坊文化 2009.11　104面 25.6公分

ISBN 978-986-6485-94-7 (平裝)

1. 拼布藝術 2. 手提袋

921.1　　98007837